U0187392

中老年人
**轻松玩转**
智能手机
第2版

万九如 / 编著

清华大学出版社
北京

## 内 容 简 介

兼有无线通信和电脑功能的智能手机，借助各种 APP 完全改变了人们的生活方式。

本书简述了手机发展简史，介绍了目前市场上畅销的各种品牌智能手机的特点、特色。讲述了改变人们生活、学习、娱乐方式的一些常用软件的使用方法，重点讲述了微信、支付宝、淘宝等软件的使用方法和使用技巧，详细讲解了运用手机导航操作应用程序的技巧、方法，全面讲述了智能手机借助微信进行文字通信、语音通信、可视通信的方法和技巧。

本书是中老年人学习使用手机的常备手册，其中介绍的一些技巧，对使用智能手机的年轻人也有参考意义。

**图书在版编目(CIP)数据**

中老年人轻松玩转智能手机 / 万九如编著 . —2 版 . —北京：清华大学出版社，2022.9

ISBN 978-7-302-61867-6

Ⅰ.①中… Ⅱ.①万… Ⅲ.①移动电话机－中老年读物 Ⅳ.① TN929.53-49

中国版本图书馆 CIP 数据核字 (2022) 第 173496 号

责任编辑：陈绿春
封面设计：潘国文
责任校对：徐俊伟
责任印制：杨 艳

出版发行：清华大学出版社
网　　址：http://www.tup.com.cn，http://www.wqbook.com
地　　址：北京清华大学学研大厦 A 座　　　　邮　编：100084
社 总 机：010-83470000　　　　邮　购：010-62786544
投稿与读者服务：010-62776969，c-service@tup.tsinghua.edu.cn
质 量 反 馈：010-62772015，zhiliang@tup.tsinghua.edu.cn
印 装 者：天津鑫丰华印务有限公司
经　　销：全国新华书店
开　　本：145mm×210mm　　印　张：9.25　　字　数：165 千字
版　　次：2019 年 6 月第 1 版　2022 年 11 月第 2 版　印　次：2022 年 11 月第 1 次印刷
定　　价：69.00 元

产品编号：097213-01

# 前言 PREFACE

本书第1版于2019年6月出版发行。

进入21世纪，数字通信技术方兴未艾。21世纪初，智能手机得到空前发展，借助智能手机，人与人之间的距离缩短了。购物支付采用无现金的方式已不再局限于商业活动，一些行政缴费也不再收取现金，需要采用微信或支付宝方式支付，这也给一些还在使用传统手机的中老年人带来了生活的不便。在新冠肺炎疫情肆虐的日子，一些城市进行全面核酸检测，促使一些不使用智能手机的老年人，在晚辈的帮助下，也拿起了智能手机。

本书第1版出版以来，智能手机的功能、款式不断提升，适合智能手机的应用程序如雨后春笋般涌现，当时介绍的应用程序、功能和界面也不断更新。尽量满足中老年读者的需要，是修订再版本书的目的，也是编者的愿望。

本书在第1版的基础上，从无线电通信技术走向民间的发展简史讲起，介绍了目前市场上畅销品牌手机的特点、特色。智能手机就是一部掌上电脑，借助网络公司开发的APP（智能手机应用软件），完全改变了人们的出行、购票、旅游、购物、支付、娱乐、学习的方式。本书保留了第1版讲述的微信支付、支付宝支付、网上购物这三个使中老年读者望而却步的应用软件的使用，重点讲解了进行微信、支付宝支付要做的准备工作，进行无现金支付的操作步骤，以及防止受骗上当的注意事项。全面讲解了智能手机的传统通信方式，借助微信应用进行文字通信、语音通信、可视通信的方法，并把编者在使用智能手机时感悟到的使用技巧推荐给中老年读者。本次再版保留了第1版的10道思考题，增补了1道，并附参考答案，供学习者参阅。

　　无论什么品牌的手机和什么系统，应用程序在手机上反映的功能、界面基本相同。这就给学习者使用应用程序提供了方便。应用程序的更新是应用程序生命周期的延伸，所以应用程序的功能、界面，总在不断变化之中。本书在介绍智能手机几种导航方式的基础上，详细地讲解了操作智能手机和应用程序的方法。掌握了导航的方法，则应用程序的进入、退出、回到上一级、查看多任务、截图等的操作就比较简单。使用应用程序时，只要仔细观察，认真操作，就不用担心应用程序功能的变化、界面的更新。

　　中老年人记忆力减退，阅读的过程中，不容易记住。本书可作为中老年智能手机使用者的手册，遇到疑问难点，可供查阅解惑。

　　编者年逾古稀，受"活到老，学到老"的激励，能为中老年人普及智能手机知识尽绵薄之力，是晚年生活的心愿和乐趣。

　　囿于编者掌握的智能手机的知识、技巧有限，谬误之处在所难免，期望读者不吝指教，感激不尽。

编者

2022年8月

# 目录 CONTENTS

## 第2章
# 智能手机是掌上电脑 ……… 38

## 第3章
# 智能手机常用APP ……………… 67

**第4章 微信应用** ···················· 131

第5章

# 智能手机的通信功能 ⋯⋯⋯⋯⋯⋯ 175

## 第6章

# 支付宝和余额宝 ·········· 199

## 第7章

# 网上购物 ·········· 217

第1章

认识智能手机

## 1.1　智能手机发展简史

人类第一部智能手机是在1999年由摩托罗拉公司研发出来的。20多年的时间，智能手机就得到了空前的发展。据统计，中国5G智能手机的普及率是全球最高的，2022年1月的渗透率为84%。

自20世纪80年代以来，由于数字技术的创新，无线通信技术得到迅速发展，一些行业专家都无法预言通信会发展到什么程度。

无线通信首先是在军方开始使用的，电影《英雄儿女》中，英雄王成身背步话机，高呼"向我开炮！"，此步话机就是最初的专用频率无线通信。

1973年4月，美国著名的摩托罗拉公司工程技术员"马丁·库帕"，发明了世界上第一部推向民用的手机，"马丁·库帕"因此被称为"现代手机之父"。

1983年，世界上第一台移动电话——摩托罗拉DynaTAC 8000X（大哥大）问世（图1-1-1）。

1993年，中国大陆的第一部移动电话——摩托罗拉3200（大哥大）问世（图1-1-2）。

1999年，第一部智能手机——摩托罗拉天拓A6188（图1-1-3）问世，其采用了摩托罗拉公司自主研发的龙珠操作系统。这款手机是全球第一部具有触摸屏的手机，也是第一部中文手写识别输入的手机。

图1-1-1　第一台无线手机　　图1-1-2　摩托罗拉3200

　　　　　"大哥大"　　　　　　　　　"大哥大"

图1-1-3　第一部智能手机

　　经过多年的发展，如今的智能手机功能更加完备，具有独立的操作系统，独立的运行空间，可以由用户自行安装软件、游戏、导航等第三方服务商的程序，并可以通过移动通信网络来实现无线网络接入手机。在无线通信的基础上，运用一些特色应用程序实现文字通信、语音通信和交互可视通信。

　　智能手机一般为长方形，和人的手掌大小相仿，也叫掌上电脑，携带方便。在通信、导航、撰文、查询、支付、购物等诸多方面，改变了人们的生活方式。

　　智能手机（以荣耀V9为例）上端安装有高清晰镜头，具有摄影和拍摄视频功能。侧面有两个长短按钮，短的是锁屏按钮（电源开关），长的是音量调节按钮（不同手机型号设置不同，或是两个，或在同一侧，或在左右两侧）。充电接头在下侧端。购买手机时充电器是必配件。微型麦克风和扬声器安装在下侧，供聊天时录音、发声和听音乐（图1-1-4）。

微型麦克风、扬声器位置

开关按钮，音量调节按钮

图1-1-4　荣耀V9智能手机

## 1.2　用好智能手机

　　用智能手机来丰富、改善自己的生活，是学好、用好智能手机的目的。

有人在使用手机购物、支付、转账、理财投资等方面，担心上当受骗，这种担心很正常。只要正确使用手机，受骗上当的事完全可以避免。

本书以华为P系列手机的基本使用方法和一些常用程序的运用来进行讲解。

应用程序在不同类型的手机上所反映出来的页面基本相同，这就给学习智能手机的用户提供了方便，学习智能手机，主要是学软件、学应用。

智能手机系统操作大同小异。期望拥有不同品牌、型号手机的智能手机用户，都能从本书的讲解中，触类旁通，举一反三，很好地使用自己的智能手机。

## 1.3 智能手机的操作系统

智能手机操作系统的运算能力和功能比传统手机更强。目前国内市场手机使用的操作系统有Android（安卓系统）、iOS（爱欧艾斯系统）、HarmonyOS（鸿蒙系统）。三者之间的应用软件互不兼容。因为可以像个人电脑一样安装第三方软件，所以智能手机具有丰富的功能。

智能手机安装的应用程序，在不同的系统中显示

出基本相同的页面，所以其拥有很强的应用扩展性，
能方便地进行安装和删除。

三星、小米手机采用Android（安卓系统）。

华为、荣耀手机采用HarmonyOS（鸿蒙系统）。

苹果手机采用iOS（爱欧艾斯系统）。

怎样来查看手机的系统呢？下面以华为P30手机
为例进行介绍。

华为P30手机的系统，可在桌面找到"设置"图
标并点击（图1-3-1），打开后，滑动到页面最下端，
点击"关于手机"选项（图1-3-2），就可打开"关于
手机"页面，在页面中可查看该手机的设备名称、型
号、版本号、操作系统版本（图1-3-3）。

设置

🔘 隐私 〉

🔘 健康使用手机 〉

🔘 智慧助手 〉

🔘 辅助功能 〉

🔘 用户和帐户 〉

🔘 HMS Core 〉

🔘 Google 〉

🔘 系统和更新 〉

🔘 关于手机 〉

图1-3-1　华为P30桌面　　　图1-3-2　"设置"页面

← 关于手机

鸿蒙系统

| | |
|---|---|
| **设备名称** | HUAWEI P30 > |
| **型号** | ELE-AL00 |
| **版本号** | 2.0.0.210(C00E205R1P4) GPU Turbo |
| **HarmonyOS 版本** | 2.0.0 |

图1-3-3 "关于手机"页面

　　新买来的手机，厂家都会把操作系统安装好，无须用户自己安装，在WiFi条件下，操作系统还会不断进行更新，升级到最新的版本。鸿蒙系统是华为公司开发的，华为手机原使用的是安卓系统。鸿蒙系统问世后，华为、荣耀手机系统升级，都更换成了鸿蒙系统。

　　如果手机的操作系统出现问题，用户就要拿到厂家的服务点进行维护，或重新安装操作系统。

　　无论何种品牌、型号的手机，都有系统自带的程序"设置"，好比电脑操作系统中的"控制面板"，可对手机的各项功能进行设置，在后面的讲解中还会不断涉及"设置"中的各种操作。

## 1.4　智能手机全网通和定制版

　　有些通信公司为了促销，免费赠送的智能手机有的是定制版，只能使用该公司的通信卡。有的用户使用移动电话多年，老号码不想放弃，在更换新手机时，就需要关注自己原来的号码是哪家通信公司的，换的新手机能否继续使用原来的手机号。全网通手机不存在这个问题，中国移动、中国联通、中国电信的通信卡都能使用。

　　双卡双待的全网通手机，可分别安装不同通信公司的通信卡。如果安装同一通信公司的通信卡，其中一张为无服务状态。

　　手机没有装载通信卡，也能在WiFi条件下上网，就像平板电脑一样，但是无法在移动网络中上网，因为没有安装通信卡，不会接入移动网络，通信公司就不会收取流量费用。

## 1.5　保护智能手机的屏幕

　　智能手机中应用程序的操作都是在手机屏幕上，

利用手指的按、压、划等动作进行。电容式触摸屏技术是利用人体的电流感应进行工作，手机都是电容屏，手指接触与屏幕形成电容，利用电容改变来获得触摸信息。

现在的主流手机都采用了较好的屏幕，其坚硬程度能应对日常的普通摩擦，所以没必要给手机贴膜，贴膜之后手机屏幕的显示效果会变差。如果选择了劣质的屏幕贴膜，容易使手机屏幕的光线发生折射，会加重使用手机时的疲劳感。

电容式触摸屏是一块四层复合的玻璃屏。玻璃是易碎品，所以手机要注意防止摔损，最好配一个塑料底套，或是外套，一旦手机不慎摔下，底套、外套还能起一个缓冲作用，保护屏幕玻璃不会摔裂。一旦玻璃屏幕不慎摔裂，还是要到专门的修理店去更换，以免手机的应用程序无法使用。

## 1.6　智能手机的基本操作

现在的智能手机基本上人手一部，市场需求很大。各大智能手机生产公司为争夺市场，不断推出新款机型。在性能、功能、技术上也不断更新。

（1）开机、关机、锁屏、熄屏。智能手机的外部有一个锁屏按钮（开关键）和一个长音量按钮（或是两个，一个加大音量，一个减小音量），安装在手机右侧，或在左右两侧（苹果机型有静音开关）。开机时稍用力按压锁屏按钮，则缓慢开机（不像电灯开关），关机时也要稍长时间用力按压锁屏按钮，之后跳出"重启""关机"页面，要重启则点击"重启"选项，要关机则点击"关机"选项。

　　浏览应用程序时，轻按锁屏按钮，则屏幕熄屏。如又要进入桌面，按锁屏按钮后，要运用解锁密码（若设置了锁屏密码）才能进入桌面。

　　设置自动熄屏的时间，可点击手机的"设置"图标，找到"显示和亮度"选项进行点击（图1-6-1），在打开的菜单中，找到"休眠"选项进行点击（图1-6-2），在打开的菜单中（图1-6-3）可重新设置休眠时间。

　　如华为P30手机设置的休眠时间，最长为10分钟，最短为15秒。手机休眠时间设置得越长，耗电越快。

图1-6-1　"设置"菜单　　图1-6-2　"显示和亮度"菜单

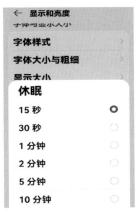

图1-6-3 调整休眠时间

（2）智能手机完全是靠手指来操作，运用手指的点、划、按、敲动作来进行。手机导航系统就是运用手指的点、划、按动作来进行。

鸿蒙系统（华为、荣耀手机）的截图操作，除了同时按下音量减小按钮和锁屏按钮，用手指关节连续敲击两下屏幕也能截图。

苹果机截图，同时轻按锁屏按钮和音量加大按钮。

点击图库中的图片，将其打开在屏幕上显示，用两个手指按住图片，然后手指分开或合拢，能把照片放大或缩小。

应用程序的操作就是手机的操作，系统的设置也是为了应用程序操作更合理、更方便、更人性化。

应用程序下载安装完成后，和系统自带的程序在手机桌面上排列显示，桌面的设置、风格都可在系统的"设置"程序中进行选择。

　　要运行应用程序，点击桌面上的应用程序图标，就打开了程序首页。一般在首页的上端有搜索框，可点击输入要搜索的内容。

　　例如打开"支付宝"显示首页（图1-6-4），在上端的搜索框中输入"健康码"。首先点击搜索框，打开搜索页（图1-6-5），在搜索框中输入"健康码"（图1-6-6），选择地区，然后点击"搜索"按钮就找到了执手机者的健康码（图1-6-7）。

图1-6-4　支付宝首页（长辈模式）

图1-6-5　打开搜索页

图1-6-6　输入"健康码"

图1-6-7　健康码打开

打开一个应用程序，一屏显示不了页面全部内容，可用手指朝上滑动，浏览全部内容。程序页面中有更多的链接、图或文字，点击页面，就会打开下一页。要退出此页面，可用导航来操作，也可找到程序自带的图标来点击。

在打开的页面中，注意页面上端左右角有一些小图标，点击这些图标的含义如下。

<、←：返回上一级。

⊕：弹出快捷菜单。

×：退出。

◯：打开搜索输入框。

…：打开新页面。

页面上端的小图标不胜枚举，手机应用程序的学习者，要注意观察，多试着点击，积累经验，就会得心应手。

## 1.7　系统的导航操作

系统导航，就是控制应用程序的三项操作。

（1）应用程序返回上一级。

（2）回到手机桌面。

（3）显示应用程序的多任务。

　　手机的导航有四种方式：屏幕内三键导航、悬浮导航（图1-7-1）、手势导航、屏幕内单键导航（图1-7-2）。

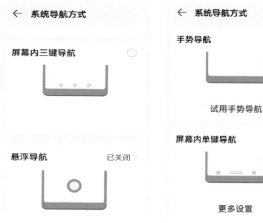

图1-7-1　导航方式（1）　　　图1-7-2　导航方式（2）

　　（1）屏幕内三键导航，用手指分别点击屏幕下端三个键"◁ ○ □"。

　　①点击◁，回到应用程序的上一级。

　　②点击○，回到桌面。

　　③点击□，显示多任务。

　　（2）悬浮导航，桌面有一悬浮白点。

　　①轻触返回上一级。

　　②长按后，松手返回桌面。

　　③长按并左右移动，进入多任务管理。

　　④拖动来移动位置。

　　（3）手势导航。

　　①从屏幕左边缘或右边缘向内滑动，返回上一级。

②从屏幕底部边缘上划，回到桌面。

③沿屏幕底部边缘横向活动，快速切换应用。

④从屏幕底部边缘上划并停顿，进入多任务。

（4）屏幕内单键导航（单键在屏幕下端）。

①轻触返回上一级。

②长按返回桌面。

③左右滑动进入多任务管理。

手机的导航方式不只一种，可供用户选择使用。悬浮导航开启后，还可选择一种导航方式。中老年人用屏幕三键导航比较好。

下面简略介绍目前国内市场占有率比较高的几款品牌较新机型手机的特点。各科技公司为争夺市场，手机功能、技术日新月异。一些用户习惯了某个品牌的使用，再更换手机时，一般还会购买自己原来使用过的品牌。

## 1.8　华为（Huawei）手机

华为手机，目前有四个系列。

（1）P系列，属高档手机，目前热销的有P50 Pocket（图1-8-1）和P50 Pro（图1-8-2）。

P50 Pocket，口袋型折叠手机，折叠后，中间无缝隙，是华为专利技术，摄影变焦10倍，适合白领女性放在口袋中。

P50 Pro，曲面屏，摄影变焦100倍，有"望远镜"之称。

图1-8-1　华为P50 Pocket　　图1-8-2　华为P50 Pro

（2）Mate系列，属高档手机，目前热销的有Mate X2（图1-8-3）和Mate 40（图1-8-4）。华为Mate X2柔性折叠屏为可折叠全面屏设计，展开时可达8英寸[①]。轻轻翻折，又能成为可单手掌控的6.6英寸屏幕，另一块屏幕尺寸则为6.38英寸。独创转轴设计，采用鹰翼式外折方案，可实现0°~180°自由翻折，开合有度；整机轻薄有质，机身单边厚度仅为5.4mm，舒适握感。适合商业专业人士使用。

Mate 40系列4款手机中，Mate 40和Mate 40 Pro均采用玻璃背壳和素背壳，两种材质，五种颜色（秘银色、亮黑色、釉白色、素皮分黄色和绿色）。Mate 40

――――――――――
① 　1英寸=2.54厘米。

Pro+采用的纳米微晶陶瓷材料分为陶瓷白和陶瓷黑两种颜色，Mate 40 RS保时捷版纳米微晶陶瓷材料分为陶瓷白和陶瓷黑两种颜色。其中秘银色可以根据环境变换颜色。

华为Mate 40超大文件传输，传输1GB文件仅需几秒，自由曲面镜头，减少画面边缘的畸变，全新内存扩展技术：8GB等效10GB，前置摄像头有自动感应支付，扫码付款一气呵成。

图1-8-3　华为Mate X2　图1-8-4　华为Mate 40

（3）华为nova9系列，属中档手机（图1-8-5）。

华为nova9系列采用弧形、曲面设计，开创了弧形时尚的全新风格，华为nova9搭配前置800万像素摄像头，支持快速混合对焦，能够快速捕捉焦点、定格瞬间，所见即所得。

（4）华为畅享系列（图1-8-6），性价比高的千元手机。

华为畅享系列主打1500元以下低端市场，目前主要型号有华为畅享20。在这个价位区间，手机一般在设计和拍照上很难拉开距离，而性价比则可以很好地体现一款手机的价值。

图1-8-5　华为nova9　　　图1-8-6　华为畅享20

（5）华为手机鸿蒙系统，增加了负一屏。

华为手机，原是安卓系统，华为公司自主开发了鸿蒙系统，原搭载的安卓系统，随系统的升级转为鸿蒙系统。鸿蒙系统为桌面增加了负一屏。

什么是负一屏？

负一屏是最左边的屏幕，集合应用建议、运动健康、生活服务、新闻、视频、音乐等应用快捷显示页面，并自动生成情景智能的各项提醒卡片，方便用户快速浏览和使用。

在主屏幕向右滑动屏幕，进入最左侧分屏的负一屏界面。

根据使用习惯，推荐为常用应用。

情景智能：从亲朋好友的生日、上下班出行路线，到疲劳时的休息提醒，情景智能为用户带来适时暖心关怀。

生活服务：美食推荐、热映电影、快捷打车、电话充值给用户方便的生活体验。

音乐：根据常听的音乐类型，为用户推荐类似的音乐。

视频：根据常看的视频类型，为用户推荐类似的视频。

新闻：根据常浏览的新闻类型，为用户推荐类似的新闻。

点击桌面的"设置"图标，找到"桌面和壁纸"选项（图1-8-7），然后点击，在"桌面和壁纸"菜单中点击"桌面设置"按钮（图1-8-8），在打开的"桌面设置"菜单中，负一屏的"智慧助手.今天"可以打开（图1-8-9）或关闭（图1-8-10）。负一屏显示的页面内容丰富，页面向上滑动，可点击的链接很多（图1-8-11和图1-8-12）。

图1-8-7 "设置"菜单 图1-8-8 "桌面和壁纸"菜单

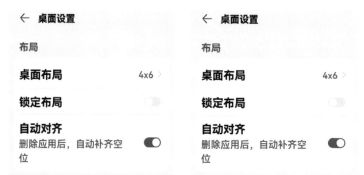

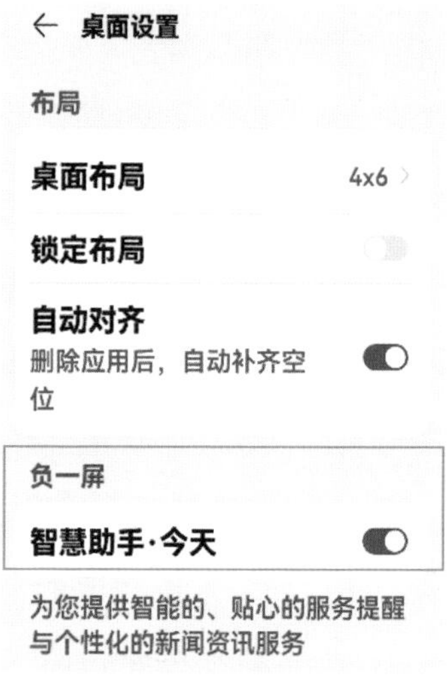

← 桌面设置
布局
桌面布局 4x6
锁定布局
自动对齐
删除应用后，自动补齐空位
负一屏
智慧助手·今天
为您提供智能的、贴心的服务提醒与个性化的新闻资讯服务


图1-8-9　打开负一屏

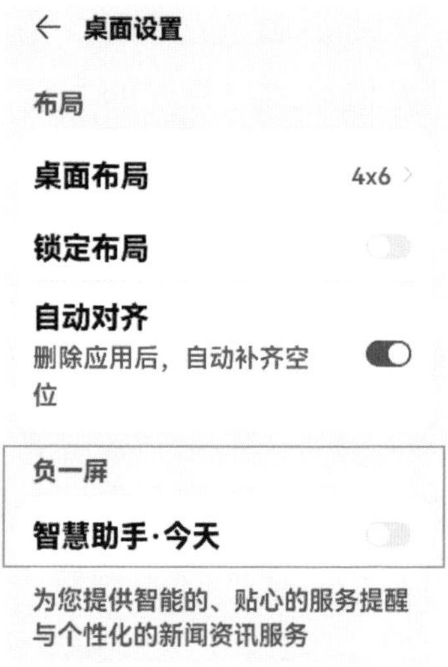

← 桌面设置
布局
桌面布局 4x6
锁定布局
自动对齐
删除应用后，自动补齐空位
负一屏
智慧助手·今天
为您提供智能的、贴心的服务提醒与个性化的新闻资讯服务


图1-8-10　关闭负一屏

MU5735...
手机... 附近... 火车票 儿歌... 番茄...
服务号 龙岗
热门应用 更多
抖音...
安装
小红书
小红...
安装
服务号 × 购物
春暖换新装
快递 未绑定
精选好物
查寄快递
2 小时 59
购物服务 · 京东
陈宇：拜...
美澳官员...


图1-8-11　负一屏之“服务号”

手机... 附近... 火车票 儿歌... 番茄...
服务号 龙岗
寻美食 赏春光
美食 电影 酒店 景点 最近...
150m
150m
石磨肠粉
¥12/人 3.5分
幸福西饼面包茶饮
¥74/人 4.0分
200m


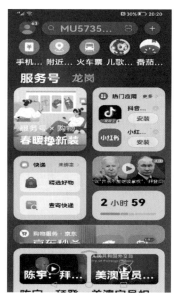

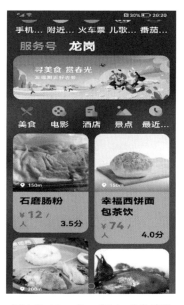

图1-8-12　负一屏之“龙岗”

# 1.9 荣耀（HONOR）手机

荣耀手机之前是华为的子品牌，2020年11月份独立出来，目前划分为了4大系列，每个系列的定位侧重点不同，价格从几百元到几万元的都有。

（1）Magic系列：定位旗舰，主打未来科技，旗舰的配置，价位4000元至上万元（图1-9-1）。

（2）数字系列：定位高端，次旗舰系列，潮流先锋系列，2000~4000元价位，炫酷的外观，拍照是亮点（图1-9-2）。

图1-9-1 荣耀Magic3 Pro 　　图1-9-2 荣耀60

（3）X系列：定位中端，1500~2500元价位，强调性价比（图1-9-3）。

（4）Play系列：定位低端，主打的是千元价位的手机，外观设计和处理器性能都很一般，但是电池容量大，续航时间长（图1-9-4）。

图1-9-3　荣耀X30　　　图1-9-4　荣耀Play5

## 1.10　苹果（iPhone）手机

苹果手机（iPhone）由美国苹果公司研发，搭载苹果公司研发的iOS操作系统，属高端手机。

第一代iPhone于2007年1月9日由苹果公司前首席执行官史蒂夫·乔布斯发布，并在2007年6月29日正式发售。目前已发展到iPhone 13，几乎每年都发布一款新机型。

手机右侧面有一个锁屏（开关）按钮，左侧面有一个静音拨动开关和两个音量按钮（+，-）。

苹果手机自带浏览器：safari。专门的下载应用程序为AppStore，除此，无法下载应用。苹果iPhone 13和iPhone 13 Pro手机于2021年9月15日凌晨正式发布（图1-10-1和图1-10-2），所有版本起步容量为128GB，甚至还比2020年发布的iPhone 12便宜了300元。

图1-10-1 苹果iPhone 13　图1-10-2 苹果iPhone 13 Pro

iPhone 13基础款的主要特色如下。

（1）后置摄像头继续使用双摄，但变成对角线设计，低光拍摄性能最高有47%的提升。

（2）拍照方面：电影效果模式可自动添加浅景深，拍摄后还可转换焦点，同时后置一颗全新广角摄像头，光线捕捉能力增加47%，提升照片和视频的品质。

（3）视频播放最长可达19小时，电池续航大幅提升。

（4）加入了"粉色"新配色，全系列一共有粉色、蓝色、午夜色、星光色、红色5种颜色。

iPhone 13 Pro的主要特色为：Pro级摄像头系统空前大提升。硬件的突破再上新台阶，可捕捉的细节大为丰富；超智能的软件，带来照片和影视创作的新技巧；处理速度快到超乎想象的芯片，拍摄方式与之前的苹果手机大不相同。

## 1.11 小米（Xiaomi）、红米（Redmi）手机

小米公司成立12年，截至2021年1月小米是全球第四大智能手机制造商，其产品在30余个国家和地区的手机市场进入了前五名。

（1）小米12 Pro被称为小米的第三代旗舰手机（图1-11-1），屏幕规格拉满，颜色精准，双主摄三颗后置摄像头都是 5000 万像素。采用了首款自研的充电芯片，极速模式下只要 18 分钟就可以充到 100% 的电量，无线充电也只需要 42 分钟左右。

小米12 Pro在各个方面都进行了飞跃式的提升，就配置而言，价格算是十分合理的。

（2）红米K50手机采用居中挖孔屏的设计（图1-11-2），前置挖孔尺寸非常小。配合极窄的边框设计，正面颜值非常高。

图1-11-1　小米12 Pro　　图1-11-2　红米K50

背部采用平直的设计风格，非常清爽自然。三颗摄像头采用三角形布局，更加对称、和谐。

## 1.12　三星（Galaxy）手机

（1）三星Galaxy S22（图1-12-1）系列整体设计依旧采用居中开孔全面屏设计，顶配版还采用搭载LTPO技术的OLED屏幕，能实现1~120Hz的自适应刷新率调节功能。

搭载全新的骁龙8 以及自家的三星Exynos 2200旗舰芯片，Galaxy S22和Galaxy S22+采用后置50MP主摄+超广角+3倍长焦的三摄相机模组，而Galaxy S22 Note则会沿用108MP的主摄镜头。此外，搭载45W快充，这也是S系列的首次运用。

（2）三星Galaxy Z FLIP3（图1-12-2）采用上下折叠多角度悬停设计。主屏幕由三星超薄柔性玻璃（UTG）制成，经过20万次折叠测试，耐用度比上一代提高80%。无须展开手机，外屏即可实现快速自拍。 无须打开手机内屏即可查看通知、拍照、播放音乐等，还可选择喜欢的时钟类型和颜色。 上下分屏，多任务处理，可以边看视频边回短信。 还可免手持视频通话。

三星手机的屏幕质量相对较好。

图1-12-1　三星Galaxy S22　　图1-12-2　三星Galaxy Z FLIP3

## 1.13　OPPO手机

OPPO手机有五个系列；旗舰Find X系列、旗舰Find N系列（折叠型）、颜值Reno系列（中低档）、硬核玩家K系列（低档）和人气A系列（低档）。

（1）Find X5（图1-13-1）正面有一个3200万像素的自动拍摄镜头，背面有一个5000万像素的摄像头。长焦镜头是1300万像素。支持5倍混合光学变焦和20倍数码变焦。

配备BOE柔性6.55英寸OLED屏幕。首次采用灵活的四曲线冲孔设计，提高屏幕流畅性，充分满足视频、娱乐等各种场景的需要，并考虑到产品的整体续航。

　　最大电池容量为5000mAh，超过了大多数旗舰级手机的电池容量。X5系列还配备了80W闪充和50W无线充电，可以在12分钟内充电到50%，在35分钟内充电到100%，在很短的时间内充电到相当大的电池电量，彻底告别了日常的续航焦虑。

　　（2）OPPO Find N（图1-13-2），在折痕的控制上面，达到了行业当中的领先水准。不仅可以面对日常生活当中的普通弯折，同时还有抗摔功能。搭载了自主研发的全新马里亚纳芯片，这款芯片是全球第1个6nm工艺制作而成的专用芯片。

　　这款手机的配置高，价格适合，摄影功能强，充电快，颜值高。不足之处是防水、防尘效果做得不太好，机身比较重。

图1-13-1　OPPO Find X5　　图1-13-2　OPPO Find N全新折叠

　　（3）OPPO Reno 7（图1-13-3），采用6.43英寸AMOLED材质屏幕；高度约156.8mm，宽度约72.1mm，厚度约7.59mm，重量185g。配有星雨心愿、晨曦金、星夜黑、红丝绒四款颜色。

搭配高通骁龙778G八核处理器，后置6400万像素主镜头+800万像素超广角镜头+200万像素微距镜头，支持前置五片式镜头。有全景、防抖、多景录像、自动对焦等拍照功能，前置3200万像素摄像头。搭载4500mAh电池容量。

（4）OPPO K9 Pro（图1-13-4）手机充电效率优秀，散热能力良好，手机轻薄，舒适掌握，颜色分为幻彩之翼和黑桃K两种。

处理器采用的是骁龙768G，性能方面中规中矩，这个性能日常看电视、电影，玩一些内存容量适宜的游戏，都没有什么问题。

自带4300mAh电池容量，65W超级闪充，是这款手机的一大特点。

选用液冷级高效散热。超级护眼功能可以长时间观看手机屏幕，消除视觉疲劳，能最大限度保护视力。

图1-13-3　OPPO Reno 7　图1-13-4　OPPO K9 Pro

（5）OPPO A93（图1-13-5）正面采用打孔屏设

计，配备一块6.5英寸的显示屏，分辨率是2400像素×1080像素，材质是LYPSLCD，支持90Hz刷新率和180Hz触控采样率，提供100%DCI-P3色域。

图1-13-5　OPPO A93

　　OPPO A93机身轻薄，拥有超好看的配色。其中极光色采用了全新的液晶涂布工艺，色彩可以随着光线变化而变化。

　　8GB+256GB超大内存组合，不仅运行比低内存手机流畅，而且256GB的大存储量，可保存相当多的相片和文件。

　　内置5000mAh大电池及18W快充，手机自带的超级省电模式能有效保证手机续航。

## 1.14　vivo手机

　　vivo手机有四个系列：X系列、S系列、T系列、Y系列。

（1）影像是vivo X70 Pro+（图1-14-1）的最大卖点，使用蔡司镜片，在手机行业中还是首次出现，极低的反射率、优秀的边缘一致性，使之成为摄影利器。加入了立体声双扬声器，自研SuperAudio4.0音效算法，营造更好的视听效果。

（2）vivo S12 Pro（图1-14-2），非常轻薄，厚度为7.36mm，重量为171g。自拍能力有了非常大的提升。能够拍出非常好看的照片和视频。搭载的电池容量为4300mAh，支持44W的有线快充。能够做到一天一充。

图1-14-1　vivo X70 Pro+　　图1-14-2　vivo S12 Pro

（3）vivo T1（图1-14-3）骁龙870G加持，精致屏幕，舒适视觉体验。配上4400mAh的电池和66W的充电，搭载的是1600万像素前置的摄像头，可以为用户提供6400万像素主摄+800万像素超广角+200万像素微距的摄像头。有着不错的像素，基本满足了日常需求。

（4）vivo Y76s（图1-14-4）搭载的是一款最新发布的天玑810的处理器，可以为用户提供很好的手机

5G性能。

　　前置拍照性能一般，为用户提供的是800万像素前置摄像头，但提供的是5000万像素双摄像头，带来很好的手机后置拍照体检。

　　提供44W的充电功率，有很好的手机续航能力。

图1-14-3　vivo T1　　　图1-14-4　vivo Y76s

## 1.15　智能手机拍摄功能

　　具有摄影、摄像功能，是智能手机的一大特色。摄像头的配备及其所具备的技术含量，也是抬高智能手机价格的一个因素。

　　点击页面的"相机"图标，就把相机镜头打开了，屏幕里所显示的就是镜头要拍摄的场景（图1-15-1），点击屏幕下端的白色圆点就能拍摄。华为 P30搭载超感光徕卡三摄镜头，全新色彩滤镜阵列设计，颠覆传统，暗光性能极大提升。照相功能页面中有大光圈、夜景、人像、拍照、录像、专业、更多等选项。点击"专业"选项，屏幕下端出现一排可供选择的参数，有白平衡（WB）、变焦（AF）、曝光补偿（EV）、曝光时间（S）、感光度（ISO）、聚集选择（M）等。

这些参数适合有摄影经验的用户使用。再点击"更多"选项，打开一个新的页面（图1-15-2），页面中有更多可选择的摄影选项。

图1-15-1　拍照画面截图

图1-15-2　摄影"更多"选项

如要拍摄录像，可点击"录像"选项，页面下方白色按钮中间有个红点，点击红点即可开始录制（图1-15-3），录制过程会跳跃显示录制时间，下面的圆白红点变成方白点。点击方白点，即停止录像（图1-15-4）。

图1-15-3　准备开始录像　　　图1-15-4　摄像进行中

　　智能手机摄影的成像质量，已经不亚于一般的数码相机，一张用普通荣耀V9（DUK-AL20）拍摄荷花的照片（图1-15-5），经属性检查照片信息，图片大小为1.30MB，图片尺寸为3968×2976像素。

图1-15-5　荷花照片的信息

　　智能手机的拍摄变焦功能也在不断升级，华为P30 30倍变焦，华为P30 Pro 50倍变焦。P50 Pro 100倍变焦，有"望远镜"之称。图1-15-6和图1-15-7就是在同一机位，用广角和远摄拍摄的场景。

图1-15-6　广角拍摄

图1-15-7　远摄拍摄

　　照片拍摄完成后，还能进行后期编辑处理，从图库打开一张照片。在页面的下方，有后期制作的一些选项。如图1-15-8下端有"编辑"选项，点击"编辑"

选项，在照片下端又有"修剪"选项（图1-15-9），
点击"修剪"选项，把这张奶奶抱孙子的照片裁剪出
来，成片效果如图1-15-10所示。

图1-15-8　照片后期制作选项1　　图1-15-9　照片后期制作选项2

图1-15-10　裁剪出来的照片

手机录像拍摄，因为要较长时间执机，把手机端得平稳、不晃动是基本要求。拍摄动态画面时，手机端稳，把画面中人的活动记录下来，在拍摄过程中，可以运用手机变焦，把镜头推上或拉开来拍摄一些特写或全景。在拍摄过程中拍摄运动镜头，如摇、推、拉镜头，在开始拍摄之前要先静止拍摄几秒，镜头停下来，也不要立即停拍，要继续拍摄几秒，切忌把镜头摇过来又摇回去，推上去又拉回来的拍摄方法。

要拍摄一个短的纪录片，就像写一篇文章一样，要有总的构思，主题鲜明，层次分明，语句清晰。把一个个镜头拍好，再进行连接、剪辑，就会比较顺利。

后期剪辑也非常重要，属于二次创作，通过下面的举例可看出不同的剪辑方法，效果是完全不同的。

三个镜头：①一个病人安静躺在病床上；②医生进病房给病人打针；③病人疼痛，在病床上翻滚蠕动。这样三个镜头不同的剪辑顺序，就是不同的效果。

③②①顺序组合，效果是医生给病人治好了。

①②③顺序组合，效果是医生给病人打坏了针。

以上内容只是智能手机拍摄及后期制作的一些典型用法，智能手机在拍摄模式和参数设置上，远不只这些。手上有了智能手机，期望中老年朋友能喜欢上摄影，把手中智能手机的拍摄功能发挥得淋漓尽致，拍摄出更多、更好的照片和视频。

**思考题**

1. 运行内存4GB，存储 64GB，这些数字后面的"GB"是什么意思?

2. 像素是什么概念?

第2章

智能手机是掌上电脑

中老年手机用户，个人电脑基础知识好，用起智能手机来就比较简单。智能手机就是掌上电脑，在应用程序的使用上，同个人电脑的应用程序使用类似。使用电脑时，输入设备多用键盘和鼠标，而智能手机使用时，仅用手指滑动、点击、点按、敲击屏幕上的图标及相关提示即可。

## 2.1　设置手机屏的壁纸

在系统的"主题"应用中有多种画面可供用户挑选，自己喜欢的照片也可设为壁纸（手机桌面有"主题"图标）。

在手机的"图库"应用中，有各种自拍图片、截图图片等，可在唤醒手机，即解锁前，将各种风景、人物等美丽的图片应用在屏幕上，使人赏心悦目（图2-1-1和图2-1-2）。

当然也可用自己喜欢的图片做手机屏的壁纸（图2-1-3）。

设置手机屏的壁纸，也是在"设置"页面中，找到"桌面和壁纸"选项，然后点击此选项（图2-1-4），打开"桌面和壁纸"页面，找到"壁纸"选项点击

（图2-1-5），在打开的壁纸页面中，选择壁纸画面。点击"应用"按钮（图2-1-6）。如图2-1-7所示，选择"设为锁屏""设为桌面"或"同时设置"选项。

如要用图库中的图片作为桌面或锁屏壁纸，就更好操作了。打开"图库"，选择想要应用的照片（图2-1-8），然后点击"更多"按钮（图2-1-9），在跳出的菜单中选择"设置为"选项（图2-1-10），如图2-1-11所示，点击"壁纸"按钮后，执行图2-1-6和图2-1-7的步骤，壁纸就设置完成了（图2-1-12）。

图2-1-1　锁屏图片之一

图2-1-2　锁屏图片之二

图2-1-3　手机用户孙子照片

设置

移动网络
超级终端
更多连接
桌面和壁纸
显示和亮度
声音和振动
通知
生物识别和密码

图2-1-4　点击"桌面和壁纸"选项

主题

熄屏显示

壁纸　　图标
杂志锁屏

图2-1-5　点击"壁纸"选项

图2-1-6　在壁纸画面点击"应用"按钮

图2-1-7　选择设置方式

图2-1-8　打开"图库"

图2-1-9　选择照片点击"更多"

图2-1-10　选择"设置为"选项
按钮

图2-1-11　选择壁纸　　　　图2-2-12　壁纸设置完成

## 2.2　智能手机输入文字更方便

　　于中老年人而言，汉字输入是学电脑的拦路虎。而在智能手机上输入汉字却更方便。在手机屏幕上可输入文字处点击，就会出现闪动的提示光标和输入方式框（图2-2-1），要改变输入法，可用手指稍用力按住目前使用的输入法提示，如图2-2-1中下面的"中"，则页面提供多种输入法，供用户选择（图2-2-2）。

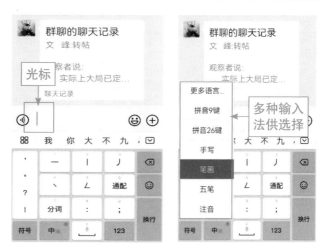

图2-2-1　光标闪烁可输入　图2-2-2　多种输入法供选择

　　对拼音及汉字书写笔画不熟的用户，可采用在输入框中书写汉字的方法来输入，很多中老年人都用此法。也可以直接对着手机麦克风用普通话语音来输入，语言可转换为汉字。应用程序提供了多种输入法，经过中老年人的摸索实践，总会有一款输入法适合自己使用。

　　中英文输入法切换，只要点击输入框中的"中/英"按钮即可（图2-2-3）。输入英文字母时变换大小写，只要点击英文输入法界面左下侧的"⇧"按钮即可（图2-2-4）。

　　用笔画输入法在智能手机上输入汉字，汉字仅有五种笔画，横（一），竖（丨），撇（丿），点（捺丶），折（フ），点和捺都归为点，三点水（氵）的第三笔，提（㇀）归为横。会写字就会打字，操作熟练后会非常快。用手写的方法在手机屏上书写，也是很多中老年人常用的方法（图2-2-5）。本书编写过程中，编者也试用了语音输入法，对着麦克风说good morning、thank you very mach、goodbye，还有"我用语音来输入"，其转换成文字的效果也很好（图2-2-6）。

图2-2-3 中英文切换键

图2-2-4 英文字母大小写切换键

图2-2-5 屏幕书写输入

图2-2-6 语音输入转换效果

　　没有一种输入法是十全十美的，都有长处和短处。五笔输入法，初学起来比较困难，拆字字码难记住；拼音输入法重码比较多；笔画输入法，要正确辨认汉字的笔画和书写时的顺序，否则就打不出正确的字，例如"迅""凹"等字，初次输入就不容易掌握其正确的笔画顺序；书写输入法容易写错字，例如"来"字，很多人都写成"耒（lei）"字；语音输入法，普通话不准，输入后转换文字就不准确。

　　多种输入方法，要掌握其中一种，对其他的输入法也要熟悉，在运用自己熟悉的输入法过程中，难免会遇到一时打不出或写不出来的字，即"山重水复疑无路"。这时，改变一下输入法，或许就能"柳暗花明又一村"。

## 2.3　设置开机解锁功能

　　手机必须设置好锁机功能，使别人打不开自己的手机。一旦手机遗失，别人打不开，手机里重要的信息也不会泄露。

　　任何手机都有锁机功能，都在系统的"设置"界面中来设置。不同手机设置密码的方法大同小异，下面以华为手机为例进行讲解，希望其他品牌手机的学习者能举一反三,设置好手机的锁机密码。

在桌面点击"设置"应用图标,在打开的"设置"页面中点击"生物识别和密码"选项(图2-3-1),此选项中有"指纹""人脸识别"和"锁屏密码"方式,设定"指纹"或"人脸识别",要求先设定密码(图2-3-2),启用指纹识别前,先设置锁屏密码,以便指纹不可用时使用。

图2-3-1 "设置"页面  图2-3-2 "生物识别和密码"菜单

设置密码,用6个数字录入两遍,两遍录入内容要相同(图2-3-3),除此之外,还有其他密码类型(图2-3-4),设置方式大抵相同,不再赘述。设置完成密码后,手机进入桌面要输入开机密码(图2-3-5)。

密码设置完成后,再进行指纹或人脸识别,建议用指纹来解锁。如指纹失效,则用密码来解锁。如果密码不记得了,可用指纹来解锁。

图2-3-3　设置数字密码　　图2-3-4　其他密码类型

图2-3-5　开机输入密码

如果设置了密码解锁，却没有设置指纹和人脸识别，密码又忘记了，就进入不了手机桌面。手机打不开时，要到该型号手机的销售服务点，请技术人员帮助解锁。

## 2.4 手机的WiFi和移动网络

　　点击"设置"应用图标，在打开的"设置"页面中找到"WLAN"和"移动网络"选项（图2-4-1）。手机能上网，是依靠无处不在的WiFi和移动网络。家中通过网络运营商联网后，购置路由器，设置网络名和连接密码，就有了WiFi网络，就可利用家中的网络上网。在一个陌生的WiFi环境中，手机会搜寻到该WiFi的SSID（用户名），在知道该WiFi的密码后，输入该密码，就会连接该WiFi。手机会把该处WiFi记住，以后再到该处，就会自动连接上，不需要再次输入该密码。

图2-4-1 　"设置"页面

　　在无WiFi环境下，上网就要利用"移动网络"，要把"移动数据"打开，点击"移动数据"选项，打开"移动数据"页（图2-4-2），注意到"移动网络"已打开。使用"移动网络"时要消耗流量，网络运营商会额外收费，所以在无WiFi环境下，手机用户要尽量减少上网，以免消耗过多流量，多收费。

　　手机还有"飞行模式"，乘飞机时使用。正常情况下误打开了"飞行模式"，手机就不能正常接听、拨出电话（图2-4-3显示"飞行模式"打开）。

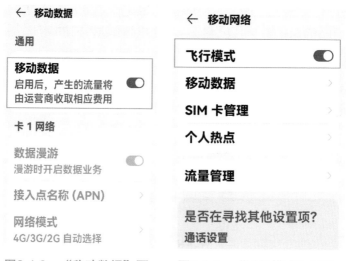

图2-4-2　"移动数据"页　　图2-4-3　"飞行模式"打开

　　到境外旅游，在WiFi环境下也能方便地上网，在户外无WiFi环境中，就要打开"数据漫游"选项，漫游费用比较高，可以通过购买境外上网卡来减少漫游费用。

## 2.5　设置屏幕亮度、字体大小、声音

　　打开"设置"页面，点击"显示和亮度"选项
（图2-5-1），打开"显示和亮度"页面（图2-5-2），
先对亮度进行调节。再点击"字体大小与粗细"选
项，打开"字体大小与粗细"页面，对字体的大小、
粗细进行调节，中老年人眼力衰退，要把屏幕亮度调
到合适的程度，字体的大小和粗细可推动控制条，
在页面上就能看到字体显示出来的大小、粗细（图
2-5-3）。

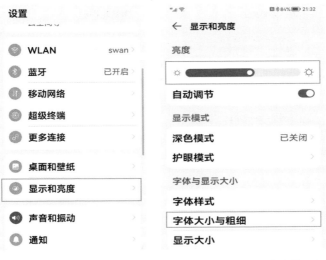

图2-5-1　"设置"页面　　图2-5-2　"显示和亮度"页面

点击图2-5-1中的"声音和振动"选项，打开"声音和振动"页面，声音设置有来电、信息、通知和闹钟。来电就是拨进来电话的振铃声，有时用户把铃声误调小或调低，以致朋友打进来的电话无法接听。

信息和通知声音是短信、微信等的声音。闹钟是手机设置的闹钟到点时的提醒声。有的人设置了闹钟，但没有把声音调大，到点时没有响声，以致误事。

手机的铃声，系统提供了一些声音，也可以用自己喜欢的音乐作为铃声，喜欢的音乐要通过音乐播放程序下载到手机存储卡上才可使用。图2-5-4中设置的来电铃声为"共和国之恋"。信息铃声为"高原之歌"。通知铃声为"步步高"。

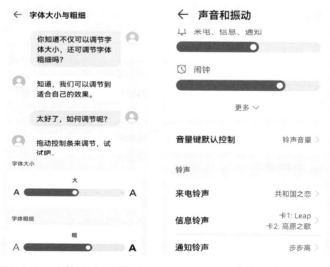

图2-5-3 字体大小调节页面　　图2-5-4 声音调节页面

## 2.6　查看手机的运行内存、存储量

　　手机的运行内存和存储量是手机的重要配置，购买手机时，运行内存不宜太小，太小则手机运行容易卡顿。应用、音乐下载，照片、视频拍摄后都会保存在存储卡上。存储量太小就不能加载过多的应用、保存适量的照片、下载适量的音乐。购买手机要着重参看这两个配置，这两个配置高也是手机价格抬高的一个主要因素。华为P30（图2-6-1），荣耀V9（图2-6-2）分别显示了手机的运行内存和存储量。

| ← 关于手机 | |
|---|---|
| 版本号 | 2.0.0.210(C00E205R1P4) GPU Turbo |
| HarmonyOS 版本 | 2.0.0 |
| IMEI | 866302042272388 866302042517881 |
| MEID | A00000A9064C5B |
| 处理器 | Huawei Kirin 980 |
| 运行内存 | 8.0 GB |
| 存储 | 可用空间：135.01 GB 总容量：256 GB |

| ← 关于手机 | |
|---|---|
| 版本号 | tch09) GPU Turbo |
| HarmonyOS 版本 | 2.0.0 |
| IMEI | 864621031210915 864621031245168 |
| MEID | A000006DF5BAFB |
| 处理器 | Hisilicon Kirin 960 |
| 运行内存 | 6.0 GB |
| 手机存储 | 可用空间：28.4 GB 总容量：128 GB |

图2-6-1　华为P30内存、存储 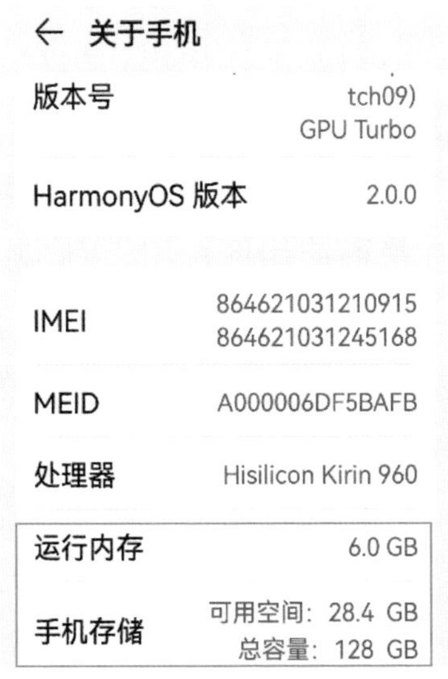　　图2-6-2　荣耀V9内存、存储

华为和荣耀都是搭载的鸿蒙系统，运行内存和存储可在"设置"页面中的"关于手机"菜单中查看。

## 2.7　智能手机有系统的应用，也有安装的应用

　　新买来的手机，都有自带的系统应用，例如华为、荣耀V9，固定的系统应用有日历、设置、摄像头、图库、浏览器、信息、联系人、拨号等。还有公司的一些专门程序，例如华为视频、实用工具文件夹、华为应用市场、手机管家等。

　　辨别系统应用、用户安装应用的唯一方法是看能否卸载。

　　用手指稍用力按住应用图标（简称"点按"），在桌面应用图标附近跳出快捷菜单，注意，如果菜单中有"卸载"项目，就是手机用户下载安装的应用。如果没有，就是系统自带的应用程序，这种应用程序无法卸载。

　　例如在桌面点按"微信"图标，跳出的快捷菜单中有"卸载"选项（图2-7-1），如果点击"卸载"选项，微信应用就会从手机程序中卸载。

　　再在桌面点按"音乐"图标，跳出的快捷菜单中

没有"卸载"选项（图2-7-2），则"音乐"为系统自带的应用，不能被卸载。

图2-7-1　"微信"应用可卸载　图2-7-2　"音乐"应用不可卸载

## 2.8　应用程序的卸载、移动、运行操作

　　捆绑在系统里的应用无法卸载，但可以把自己喜欢的应用安装到手机上。例如"QQ音乐""腾讯视频"就和华为的"音乐""华为视频"类似。

　　用户安装的应用如果要卸载，从上一节的表述中就知道，只要点按要卸载的应用，在跳出的快捷菜单中点击"卸载"选择（图2-8-1），页面会继续跳出菜单，询问是否卸载应用（图2-8-2），如果确实要

卸载，点击"卸载"选项即可，如果不想卸载，点击
"取消"选项即可。

图2-8-1　计划卸载"微信"　　图2-8-2　询问是否要"卸载"

　　手机上的应用，以圆角四边形形式在手机桌面
上显示，要改变图标的样式，可在"设置"菜单中的
"桌面和壁纸"选项中来选择其他样式（图2-8-3）。

　　桌面应用图标的放置形式有两种风格：标准风格
和抽屉风格（图2-8-4）。

　　运用"标准风格"，可把常用的应用放在桌面
的首页，不常用的放其次页，可有其一、其二页等。
应用图标在桌面的摆放位置，可用手指将其按住拖动
（图2-8-5）。应用程序图标在页面间移动，也是用手
指按住图标，把图标移到手机页面边沿，松开手指，
图标就会移到下一页（图2-8-6）。

图2-8-3　"桌面和壁纸"页面　图2-8-4　"桌面风格"页面

图2-8-5　桌面移动图标

图2-8-6　移动图标到另一页

　　运用"抽屉风格"，桌面只保留一页，不常用的都放在抽屉里。需要用到抽屉里的应用时，可把抽屉打开，找到要用的应用，点击即可。当然也可把抽屉中的应用移出放到桌面。把抽屉中的应用图标按住移到桌面边缘再松开，应用就到桌面了。桌面上的应用暂时不想用了，也可移到抽屉中，点按住应用图标，在跳出的快捷菜单中点击"移除"选项，应用就会回到抽屉。

要卸载应用，打开抽屉，到抽屉中找到要卸载的应用，点按图标才会跳出有卸载选项的菜单。例如在有抽屉风格的桌面点按"微信"应用图标（图2-8-7），跳出的快捷菜单中没有"卸载"选项（图2-8-8），只有"移除"选项，则点击"移除"选项，应用图标会移到抽屉中去。

图2-8-7　在桌面移除应用图标　图2-8-8　在抽屉卸载应用

要经常清理自己的手机，不用的应用及时卸载清理，以免占用过多的存储空间。

下面以三键导航点击为例（点击◁，回到应用程序的上一级；点击〇，回到桌面；点击囗，显示多任务），讲述应用程序的运行。

点击应用图标，打开其页面，要继续浏览，即滑动页面，或点击链接，打开下一页。如果要回到桌面，就点击〇，这时，该应用还在后台运行。回到桌面后又打开一个应用浏览，继续点击〇，又回到桌面。第二个应用仍在后台运行。回到桌面，再打开一个应用浏览，再点击〇，回到桌面。这时手机有三个应用在运行。点击□，在打开的页面上显示多任务（图2-8-9）。如果要继续浏览其中的一个应用，可在多任务页面中点击该应用，即可返回该应用。要退出该应用，可用手指按住该应用朝上滑动，或点击页面下的回收桶图标，则退出应用程序。

打开一个应用，浏览后，不想使其在后台运行，可连续点击◁；此时页面会跳出提示信息"再按一次退出"（图2-8-10）。

图2-8-9　多任务页面　图2-8-10　退出应用提示

## 2.9　在手机桌面建文件夹，给文件夹改名

　　手机页面上的应用程序多了，会显得凌乱，可以在页面建文件夹，把相似的应用放在同一个文件夹里，页面显示的应用就会少些，页面的应用程序管理也就方便多了。

　　在页面建文件夹，只要把一个应用程序的图标移动叠加在另一图标上，就会建立一个文件夹，并自动命名，这个文件夹里就有刚才移动并叠加在上面的两个应用程序。新建文件夹后，就可把类似的应用移动进文件夹里。按住文件夹中的应用可以移出文件夹，如果文件夹里的应用只剩下两个，再移出一个，文件夹就会撤销。

　　以桌面五个应用"蜻蜓FM""搜狐视频""QQ音乐""音乐""全民K歌"为例，建一个文件夹（图2-9-1）。把其中一个应用移到另一个应用上，文件夹就建好了，并自动命名为"影音"（图2-9-2）。继续把其他四个应用移进建好的文件夹，该文件夹中就有五个应用了。

　　文件夹自动命名，如果想改，就点击文件夹，把文件夹打开，再点击文件名，文件名后面出现"×"

按钮，点击此按钮，原文件名被删除，就可以重新来
输入文件名（图2-9-3~图2-9-5）。

　　抽屉里的应用无法建立文件夹。

图2-9-1　拟建文件夹

图2-9-2　文件夹"影音"建好

图2-9-3　点击文件名

图2-9-4　删除了原文件名

要解除这个文件夹，只要把应用从文件夹中逐步移出，当文件夹中只剩最后一个应用时，文件夹就自然消失（图2-9-6）。

图2-9-5　文件名改好　　　图2-9-6　把应用移出文件夹

由移动建文件夹的过程得知：桌面某个应用不见了（非抽屉风格），或许是在移动的过程中，把该应用叠加在另一应用上建立了新文件夹，或是移到一个文件夹里去了，而在桌面一时还找不到这个应用。

## 🗨 2.10　应用程序的下载、安装

新手机的操作系统会事先安装好，还会捆绑一些应用程序，这些应用程序是无法卸载的。手机的应用程序浩如烟海，中老年人要安装一些能丰富晚年生活

的应用程序。

　　各个品牌的手机，都有自己随系统捆绑在一起的"应用市场"。华为手机是"华为应用市场"，苹果手机是"App Store"，小米手机是"小米应用商店"。OPPO、vivo也有自己的应用市场或应用商店。要下载软件，可打开手机的"应用市场"来搜索下载。

　　在手机上下载安装软件的方法比较简单，掌握了就能根据喜好下载安装各类软件，满足日常生活所需。本例以用手机收听电台广播的应用"蜻蜓FM"为例，介绍下载安装步骤。

　　（1）在应用市场输入框中，输入"蜻"字，就在跳出的页面中出现"蜻蜓FM"选项，点击"安装"按钮（图2-10-1），就进入安装过程（图2-10-2）。如果已经安装了"蜻蜓FM"，则会提示"运行"。

图2-10-1　搜索"蜻蜓"　图2-10-2　安装"蜻蜓"中

　　（2）安装完成后，页面提示"打开"（图

2-10-3）。

（3）回到桌面，在页面中就有"蜻蜓FM"图标。以后要运行程序，只要点击该图标即可（图2-10-4）。

图2-10-3　打开"蜻蜓"　图2-10-4　桌面"蜻蜓"图标

多看提示操作，就会熟悉下载安装的操作过程。"蜻蜓FM"应用程序的使用，在第3章做简单介绍。

听广播、欣赏音乐时建议老年人买一副蓝牙耳机，散步时收听、欣赏，将手机放在背包里，既方便又不影响他人。

## 2.11　蓝牙设备和智能手机的配对连接

蓝牙（Bluetooth）技术，是一种短距离无线电技术，利用"蓝牙"技术，能够有效地简化掌上电脑、笔记本电脑和移动电话手机等移动通信终端设备之间的通信，也能够成功地简化这些设备与因特网（Internet）之间的通信，从而使这些现代设备与因特网之间的数据传输变得更加迅速高效，为无线通信拓宽道路（图2-11-1和图2-11-2）。

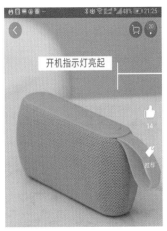

图2-11-1 蓝牙设备音箱　　　图2-11-2 蓝牙运动耳机

　　中老年人用智能手机听音乐，在家里可用蓝牙音箱，外出可用蓝牙耳机，这样手机可随意放置，又不影响他人。智能手机和蓝牙的配对也非常容易，点击桌面的"设置"图标，打开"设置"页面（图2-11-3），把关闭的蓝牙打开（图2-11-4），已配对的设备会自动连接，这时智能手机就会自动搜索附近打开了的蓝牙设备（图2-11-5）。

| 设置 | 设置 |
|---|---|
| ◦ 搜索设置项 | ◦ 搜索设置项 |
| **赢牛·**<br>👤 华为帐号、付款与账<br>单、云空间等 | **赢牛·**<br>👤 华为帐号、付款与账<br>单、云空间等 |
| 🛜 **WLAN**　　swan › | 🛜 **WLAN**　　swan › |
| ❋ **蓝牙**　　已关闭 › | ❋ **蓝牙**　　已开启 › |
| ⇅ **移动网络**　　› | ⇅ **移动网络**　　› |
| ◉ **超级终端**　　› | ◉ **超级终端**　　› |

图2-11-3　设置菜单看蓝牙 　　图2-11-4　开启蓝牙

← 蓝牙　　　　　　　⑦

**蓝牙**　　　　　　　⬤

当前可被附近的蓝牙设备发现

**设备名称**　　HUAWEI P30 ›

**接收的文件**　　　　›

已配对的设备

　❋ **HUAWEI Band**<br>　**4-205**　　　⚙<br>　已连接

　🎧 **8586话筒**　　⚙

图2-11-5　配对蓝牙

---

**思考题**

3. 手机锁屏密码如何改变？

4. 如何理解流量的概念？

 第3章

🔒 智能手机常用APP

## 3.1 APP是什么

在手机上经常看到APP这样的简称。其实APP就是智能手机的第三方应用程序。方方面面的应用程序浩如烟海，因为市场竞争，具有同样功能的程序也会开发出多个品牌。例如乘公交出行的应用就有三个，导航的有高德地图、百度地图；听音乐的有QQ音乐、酷我音乐、酷狗音乐；新闻的网页有腾讯新闻、网易新闻、凤凰新闻。功能类似的，不要都下载安装，以免占用更多的存储空间。本章介绍一些适合中老年人丰富晚年生活的应用程序，但这也只是管中窥豹。中老年人在和朋友交往过程中，互相传递一些信息，介绍一些好的应用，也不失为一个好的渠道。

前面以"蜻蜓FM"为例，讲解了应用程序下载安装的过程，这里就不再详细介绍了，中老年朋友能从这个例子中学会下载、安装以及打开应用程序的全过程。

应用程序的使用因篇幅有限，视频过程无法截图，只是点到为止，使用经验还是要中老年朋友自己去体会才更有新意。讲得太细，中老年朋友读起来味同嚼蜡，也不容易记住。

应用程序的生命力就是不断地更新。教材的更新永远赶不上应用程序的更新。希望对照本书学习应用程序的中老年人，不要囿于页面的拘束，遇到因升级而改变了的页面，要大胆点击，认真、注意看页面提示，就会找出要掌握的关键所在。

下节开始学习的应用大多是免费的，免费就难免有广告搭载。有些收费的应用也是一次性购买的，收费也不是很高。中老年朋友也是能够接受的。一次收费，终身使用，这类应用能伴随用户一生的工作和学习，有莫大的益处。例如"汉语字典"应用程序就是这样。

本章准备讲解的应用，编者移到了手机的同一个页面，并按讲解的先后顺序排列，页面截图如图3-1-1所示。

图3-1-1　本章要介绍的应用

## 3.2　"掌上公交"等车

　　到一个陌生的城市，外出乘公交出行时，在公交站点，可以用手机查询有几路公交车会经过此站（图3-2-1）。可通过查线路，查找该线路有没有要到达之地的公交车站。如在搜索框中输入"E27"（图3-2-2），如果没有搜索出结果，就输入"我的位置""要去的地方"进行查询，例如，现在在佳兆业城市广场，要到少年宫去，输入信息后查询会告之要从哪里上车以及乘什么车（图3-2-3），上车点一般是距在查询的公交站最近点，然后通过"百度导航"步行到上车点。

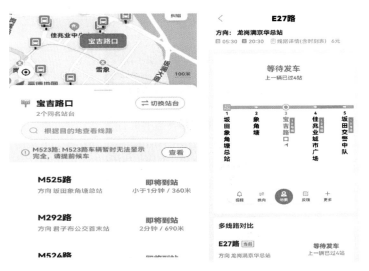

图3-2-1　所处站点有几条公交线路　　图3-2-2　E27路各站查询

　　如果熟悉乘坐的公交线路及公交车，在车站等车时，可查询要等的车到此站还有几站，如在佳兆业城市广场等M481路公交车，查询后得知公交车即将到站（图3-2-4），心中有底，可缓解等车的焦急心情。

图3-2-3　出行方案查询页面　　图3-2-4　等车查询

## 3.3　"百度地图"导航、叫车、公交查询

　　打开"百度地图"APP，页面下有三个选项（图3-3-1）："出行""周边""我的"。

　　点击"出行"选项，页面显示手机所在地附近地图，在搜索框中输入要去的地方，如深圳旅游点"世界之窗"，页面显示世界之窗附近地图（图3-3-2），点击"到这去"按钮，可选择多种出行方式：新能源、打车、驾车、公共交通、智行、步行、骑行和贷车。如选择"驾车"选项（图3-3-3），出现"开始导航"按钮，点击该按钮，则开始导航（图3-3-4），导航过程中导航程序会随时报告路况、转弯点、监控等。

图3-3-1　百度地图首页

图3-3-2　在搜索框输入
"世界之窗"

　　如选择"打车"选项，则出现各种叫车选择和车费报价（图3-3-5），选择其中一个，点击"立即呼叫"按钮就会收到回应。

　　如选择"公共交通"选项，页面会出现乘车方案供选择（图3-3-6）。线路起始点都是离执手机者较近的公交车站或地铁站。

图3-3-3　选择"驾车"选项

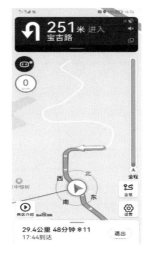

图3-3-4　开始导航

图3-3-5　选择"叫车"选项

图3-3-6　选择"公共交通"选项

到一个新地方，如果要到一些服务机构或专门的营业点，在社区附近应该都有，例如派出所、银行网点、通信营业厅等，要找这些地方，通过百度地图搜索，步行导航就可去，例如要找联通营业厅，在搜索框中输入"联通"（图3-3-7），就可找到最近的一家，点击选项后，通过导航，步行可去（图3-3-8）。

图3-3-7　搜索"联通"　　　图3-3-8　导航步行去联通

　　点击"周边"选项，页面上会出现一些选项，根据需要点击，则会在执手机者附近找到所需的场所，例如外出找餐馆，可点击"美食"选项（图3-3-9），则页面出现附近的餐馆，点击其中一个（图3-3-10），再点击"到这去"按钮（图3-3-11），则开始导航（图3-3-12）。

图3-3-9　选择"美食"选项　　图3-3-10　找附近餐馆

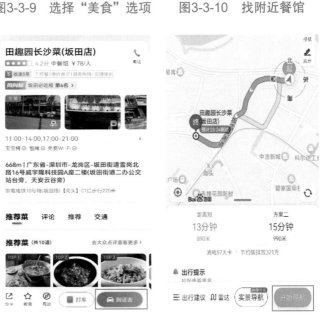

图3-3-11　点击"到这去"按钮　　图3-3-12　步行导航

## Ω 3.4 "QQ音乐"听歌、听电台戏曲、听有声书

　　"QQ音乐"是腾讯公司开发的音乐应用。上线多年，功能逐渐增加，界面很丰富。主菜单有推荐、音乐馆、电台、有声书等（图3-4-1）。初用"QQ音乐"应用，可试着点击各菜单项，看看界面的变化。"QQ音乐"不但能听电台播放的音乐、戏曲，能收听书籍朗诵，还有推荐的音乐，想听什么歌曲都能搜索到，播放时还能下载保存在"本地"中（手机存储）。

　　点击搜索框，输入想收听的歌曲，例如在搜索框中输入"难忘今宵"，在页面中就显示出来，列在跳出页面中的第一条（图3-4-2）。点击这一条，就能播放李谷一唱的"难忘今宵"，播放的同时，可以点击页面下面朝下的箭头按钮（下载按钮），列入下载（图3-4-3）。下载完成后保存在手机中。

　　以后要播放这首歌曲，只要打开"QQ音乐"应用，或是在手机系统自带的"音乐"应用程序的"本地歌曲"中，就能看到刚下载的"难忘今宵"（图3-4-4），点击此歌曲就开始播放。

　　有的歌曲能在线播放，如果要下载或许还要收费。在经常选播、下载的操作中，会碰到收费的提示。

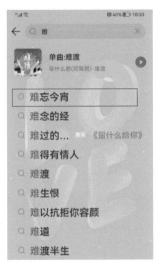

图3-4-1 "QQ音乐"主页面 图3-4-2 搜索"难忘今宵"

图3-4-3 播放"难忘今宵"中 图3-4-4 下载到本地的歌曲

　　有的歌曲能播放，不过下载要收费，想要再次收听这首歌曲，只有再次搜索后，才能点击播放。在无

WiFi条件下，收听歌曲要用移动网络，要消耗流量。而下载了的歌曲，点击收听就不会消耗流量，播放时就不会受是否在线及连接网络的限制。

要收听"电台""有声书"，可分别点击菜单项，在搜索框中搜索想听的内容，例如想听京剧"野猪林"唱段：大雪飘，扑人面。在搜索框中输入"大雪飘"，页面上就会显示出来（图3-4-5）。点击选项，就会打开播放页面播放，还可点击"下载"按钮，同时播放和下载（图3-4-6）。

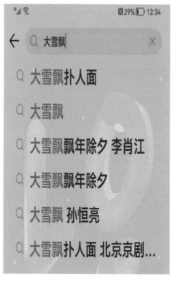

图3-4-5　搜索京剧："大雪飘"　　图3-4-6　京剧于魁智演唱

同样听有声书，也是在点击了"有声书"菜单项后，在搜索框中搜索想收听的书名。例如想收听《红楼梦》，在搜索框中输入"红楼梦"，则在页

面显示出很多条选项（图3-4-7）。选择所需，点击
后开始播放（图3-4-8）。

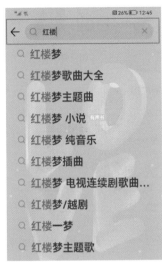

图3-4-7　搜索有声书《红楼梦》　　图3-4-8　播放《红楼梦》

🎧 **3.5　"蜻蜓FM"收听广播**

　　"蜻蜓FM"功能丰富，能听小说、相声、直
播，还可以收听多个电台，可滑动功能菜单选择
（图3-5-1）。一些有影响的电台会在页面中显示
（图3-5-2），要收听的广播可通过搜索选择，在广
东深圳通过"蜻蜓FM"还可搜索收听到江西九江交
通广播（图3-5-3和图3-5-4）。

图3-5-1 蜻蜓FM功能　　　图3-5-2 "环球资讯"广播收听中

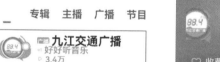

图3-5-3 搜索"九江交通广播"　　图3-5-4 "九江交通广播"收听中

## 3.6　用"全民K歌"唱歌

　　中老年人养身之法，唱歌排第一位。用"全民K歌"应用软件在手机上唱，类似卡拉OK，唱完之后，自己可以再欣赏，还可以分享给朋友。

　　"全民K歌"应用软件界面丰富，功能很多。点开页面，在下端的选项中有"动态""歌房""消息""我的"。点击"我的"选项，页面上可以看到手机用户的年龄、性别、住址等基本信息（在自己的个性签名中编辑），可以看到自己翻唱的作品。点击作品就可播放（图3-6-1）。

　　在下端选项中，点击"动态"选项，然后点击页面上方的"关注"菜单项。则页面显示自己和朋友翻唱的歌曲（图3-6-2），如果点击"推荐"菜单项，页面则以视频方式显示唱歌场景（图3-6-3）。

　　点击下端中间的"麦克风"图标，就打开了推荐给用户的K歌目录，也可在上面的输入框中输入要K歌的歌名（图3-6-4）。例如输入"共和国之恋"，然后K歌（图3-6-5），录制完成后，点击"生成作品"按钮，作品即可保存（图3-6-6）。可公开发行，也可私密上传。

　　打开"我的"页面，可找到自己的作品，点击播放时，可点击"分享"按钮（图3-6-7）分享到微信、朋友圈、QQ好友，也可私信发给自己的朋友（图3-6-8）。

唱得不如意，也可以删除。

图3-6-1　"我的"页面　　图3-6-2　动态"关注"页面

图3-6-3　动态"推荐"页面　　图3-6-4　搜索"共和国之恋"

图3-6-5 K歌录制中　　图3-6-6 点击"生成作品"

图3-6-7 作品播放时可分享　　图3-6-8 分享到哪里

　　K歌时，还可调整声调，使K歌唱得更如意。在录制时，点击"返听调音"按钮（图3-6-9），打开"唱将"页面，可调"升降调"（图3-6-10）。

 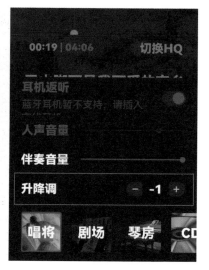

图3-6-9　点击"返听调音"按钮　　图3-6-10　调整声调

唱歌时，戴上耳机，能避免产生更多的噪声。

## 3.7　"铁路12306"购火车票

　　外出旅游，如果是自由行，利用官方"铁路12306"应用软件购票，既可靠又方便（图3-7-1），首次使用要同意一个"12306个人信息保护指引"声明（图3-7-2），"铁路12306"是实名制，用手机号登录，登录密码不能忘记，忘记了，就要重新经过人脸认证及重置密码。

图3-7-1 铁路12306购票
首页

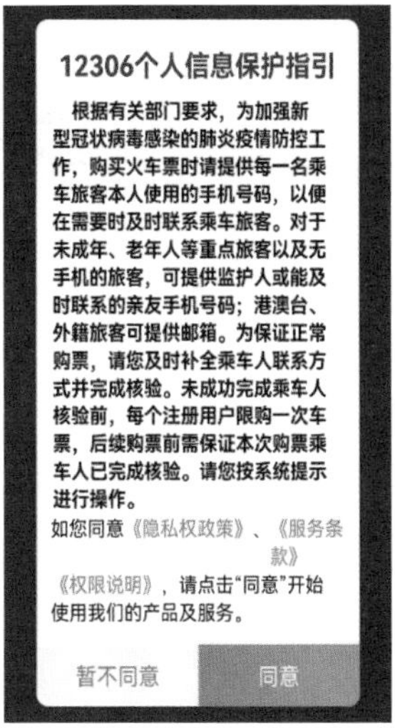

图3-7-2 "12306个人信息
保护指引"声明

点击"铁路12306"应用软件，把乘车始发地、终点及要乘车的日期选好，点击"查询车票"按钮（图3-7-3），就打开了车次目录表（图3-7-4），选择需要的车次，点击，就会打开登录页面，然后输入密码进行登录（图3-7-5）。

登录成功后，添加乘车的乘客（图3-7-6）后提交订单（图3-7-7），确认订票金额后点击"立即支付"按钮（图3-7-8），在打开的付款页面中，可选择支付宝、微信或银行卡等支付方式（图3-7-9）。付款成功后，网络会把订单号以短信的形式发送到手机上。乘车前，用乘客身份证在车站的自助取票机上取票或直接用身份证刷证上车。

图3-7-3 点击"查询车票"按钮

车次目录表（图3-7-4）

| 车次 | 出发 | 历时 | 到达 | |
|---|---|---|---|---|
| T398 | 深圳 07:35 | 11小时44分钟 | 九江 19:19 | ∨ |
| | 软卧:无 | 硬卧:6张 | 硬座:3张 | 无座:有 |
| K446 | 深圳 07:45 | 13小时32分钟 | 九江 21:17 | ∨ |
| | 软卧:2张 | 硬卧:9张 | 硬座:有 | 无座:有 |
| K1620 | 深圳东 08:28 | 13小时35分钟 | 九江 22:03 | ∨ |
| | 软卧:无 | 硬卧:无 | 硬座:无 | 无座:有 |
| Z182 | 深圳东 11:08 | 12小时2分钟 | 九江 23:10 | ∨ |
| | 软卧:无 | 硬卧:有 | 硬座:无 | 无座:有 |
| K134 | 深圳西 11:16 | 13小时23分钟 | 九江 00:39+1 | ∨ |
| | 软卧:* | 硬卧:* | 硬座:* | 无座:* |
| 10点30分起售 | | | | |
| K1282 | 深圳东 15:38 | 12小时52分钟 | 九江 04:30+1 | ∨ |
| | 软卧:10张 | 硬卧:有 | 硬座:有 | 无座:有 |
| G634 | 深圳北 16:32 | 6小时50分钟 | 九江 23:22 | ∨ |
| | 商务:15张 | 一等:有 | 二等:有 | |

图3-7-4 车次目录表

图3-7-5 登录12306应用

图3-7-6 添加乘车乘客

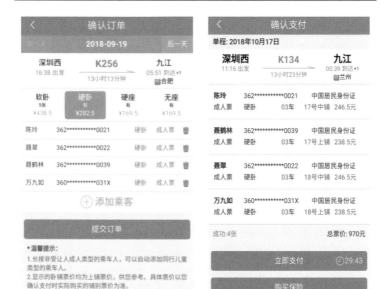

图3-7-7 提交订单　　　　　图3-7-8 确认支付

图3-7-9 选择付款方式

　　如果要退票，也可以在12306应用上来完成。

　　购票添加乘客，要用乘客的身份证号来添加，添加后就会保存在应用里，为以后购票提供方便。

## 3.8　用"携程旅行"外出旅游

　　外出旅游，如不跟随旅游团，而是自由行，可在手机上运用"携程旅行"APP购票、住店、租车、旅游、接送等，十分方便。下载安装"携程旅行"APP后，要用手机号注册登录，登录密码忘记了，用发送手机验证码的方式能重新设置密码。

　　例如从深圳到桂林自由行，在打开的应用首页搜索框里输入"桂林"，点击"搜索"按钮，页面就展开"综合"菜单项下的页面，介绍桂林"特价专区"。页面上端选项内容有"综合""景点""酒店""旅游""攻略"（图3-8-1）。各选项菜单其义自明，点击"景点"选项，页面出现桂林各景点，并说明门票价格，有的景点是免费（图3-8-2）。点击"酒店"选项，页面介绍各酒店的星级、入住价格、位置距离（图3-8-3）。点击"旅游"选项，页面介绍到桂林后再跟团游有哪些著名景点及价格（图3-8-4），点击"攻略"选项，视频推荐桂林各景点的图片（图3-8-5），随机点击一个，就出现风景视频（图3-8-6）。

图3-8-1 首页搜索"桂林"

�  滴江风景名胜区 5A

象山景区 5A

世外桃源 4A

两江四湖 5A

图3-8-2 选择"景点"页面

图3-8-3 选择"酒店"页面

图3-8-4 选择"旅游"的页面

图3-8-5　选择"攻略"页面　图3-8-6　桂林风景视频页面

　　如果选择一个酒店入住，点击"酒店"后，在展开的页面中选择"晨居轻奢酒店（桂林北站恒大广场店）"，入住价格82元起（图3-8-7），点击该酒店后会出现提交订单页面（图3-8-8），如满意，可点击"提交订单"按钮并付费（图3-8-9）。

图3-8-7　选择入住酒店页面　图3-8-8　提交订单页面

图3-8-9　住宿结账方式页面

　　"携程旅行"APP，内容丰富，功能齐全，页面美观，操作简便。外出旅游的各种问题，不怕找不到答案，就怕想不到。只要想到的问题，在手机上都能找得到。限于篇幅，不能把"携程旅行"APP作更详尽的介绍。只要耐心仔细查看，用心选择，付款时要慎重为之。

## 3.9　用"美团"吃喝玩乐行

　　"美团"起步时是叫餐、送餐的应用程序。经过几年的发展，美团不仅是叫餐、送餐，其外卖业务涉及吃喝玩乐行的各个方面。打开"美团"APP（图3-9-1），页面上有"骑车""打车""火车票机票"选项，中间有30项业务图标供选择。

　　左上角有城市选择，美团业务已经发展到了县城。在地址搜索框中输入"瑞金"，则页面左上角地址则变为瑞金。

　　本例选择在江西省的瑞金买电影票看电影。

　　点击"电影/影院"选项，页面显示近期热映的电影（图3-9-2），如选择"狙击手"（图3-9-3），再选择"映山红国际影城"，打开"影院"页面，显示放映的具体时间和票价（图3-9-4），点击"购票"按钮，出现选座页面，确认选座后（图3-9-5），打开支付票价的页面，在跳出的提示界面中点击"知道了"按钮（图3-9-6），用微信或支付宝支付购票金额。

　　票购好后不允许退票。

图3-9-1　"美团"首页

图3-9-2　瑞金放映的电影

〈　上映影院和购票　　　　　　⤴

狙击手
Snipers
猫眼观众评分
9.5 (12.2万人评)
剧情,战争,历史
中国大陆 / 96分钟
2022-02-01大陆上映

想看　　　　　☆ 评分

今天3月14日　明天3月15日　后天3月16日

品牌　全城　价...　时段　筛选

映山红国际影城 （新）　　　　407.8km
¥33起 通 改签 小吃 折扣卡
近期场次: 17:05

星洲国际影城（瑞金店）（新）　　408.6km
¥22.8起 改签 小吃 折扣卡
近期场次: 12:55 | 17:45

图3-9-3　选择影院

影院券包　　　折扣卡
超低折扣, 限...　开卡首单1张...

狙击手 9.5电影评分
96分钟 | 剧情 | 陈永胜,章宇,刘奕铁

今天3月14日　明天3月15日　后天3月16日

活动 移动积分兑红包&银行活动　3个活动 〉

折扣卡 现在开卡, 首单1张票最...　9.9元起开卡 〉

17:05　国语2D　　　　¥33　　（购票）
18:41散场　一楼VIP
折扣卡首单 ¥27
激光厅

图3-9-4　选择购票

📢 支持实名认证用户购票　2个通知 〉

狙击手
明天 3月15日 17:05-18:41 国语2D

2排06座 ✕
¥33

¥33 确认选座

图3-9-5　确认选座

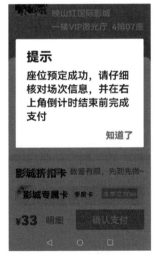

映山红国际影城
一楼VIP激光厅: 4排07座

提示
座位预定成功, 请仔细
核对场次信息, 并在右
上角倒计时结束前完成
支付
知道了

影城折扣卡 数量有限, 先到先得~
影城专属卡 季度卡

¥33 明细　　　确认支付

图3-9-6　付款提示

　　"美团"业务的发展,已经派生出三个APP:"美团外卖""美团优选""美团买菜"(图3-9-7)。在

美团首页也有这三个选项，分别点开后的效果一样。

智能手机的APP运用自动定位技术，所以手机的位置信息要打开（图3-9-8）。

图3-9-7　美团的应用　　　　图3-9-8　位置信息打开

"外卖"会定位选择点单者附近的餐饮店，供用户选择（图3-9-9）。也可在搜索框中输入外卖的食品，供买者挑选，加入"购物车"去结算后，会接到外卖员的电话，以便送达。

不在住处也可通过外卖送餐，接单者会通过定位联系点餐者的电话，很快送达。在下订单时，以防万一，还是要把收货地址再添加一次（图3-9-10）。

在页面的搜索框中输入品种，例如"面条"（图3-9-11），页面搜索出离点单者比较近的"重庆小面"餐馆，点击"重庆小面"（图3-9-12），提交订单后就进入付款页面（图3-9-13和图3-9-14）。付款成功后，商家即可发货。

图3-9-9　"美团"外卖　　图3-9-10　添加收货地址

图3-9-11　搜索"面条"　　图3-9-12　选择"重庆小面"

图3-9-13　提交订单　　　　图3-9-14　准备支付

　　"美团优选"选购的项目有蔬菜豆制品、时令水果、冷冻冷藏、粮油调味、休闲零食、肉禽蛋水产、个护清洁、日用百货等。按需要点击项目，加入购物车，再选择附近的提货点（图3-9-15），根据购物车中货物的价格结算付款后，次日到提货点提货（图3-9-16）。

　　"美团优选"的购物价格和市场相近。提货点离住处不远，提货时间比较灵活，给生活带来方便。

　　"美团买菜"也不限于买菜，首页上的选购项目有15项之多（图3-9-17），点击"冷冻食品"选项，打开下一页，在页面左侧菜单中选择"会员专区"选项，找到"象大厨手工糯米烧麦"并点击（图3-9-18），选择购买数量，加入购物车（图3-9-19）。点开购物车，结算付款（图3-9-20），完成后等快递小哥送货上门。疫情期间，小区封闭，快递小哥会打电话联系买家，把购买的物品放在大门口通知买家去取。

图3-9-15　美团优选

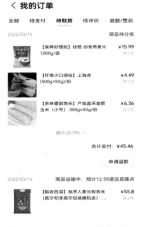

图3-9-16　两天的订单

图3-9-17　美团买菜　图3-9-18　冷冻食品的选择

图3-9-19　加入购物车　　　图3-9-20　结算支付

## 3.10　"朴朴"移动的超市

　　"朴朴"是后来居上的外卖应用。因为竞争，促使"美团"派生了三个应用。作为消费者，欢迎竞争。选择外卖，可以有多种渠道；选择商品，可以货比三家。"朴朴"有超市和库存。目前"朴朴"在成都、佛山、福州、广州、深圳、武汉、厦门七个城市开展了业务活动。

消费者操作的页面和其他外卖的应用大同小异。本节只介绍"朴朴"应用。

手机定位到具体的收货地点，如果地址不是很准确，一定要打开收货地点的页面，准确确定收货地，如果要给亲友买货，还可再设定亲友的收货地点，货物直接送到亲友家中。

在"朴朴"首页，点击页面右上角的收货地址（图3-10-1），打开选择收货地址页面，如果要改变收货地址，可在这个页面中进行操作（图3-10-2~图3-10-4）。

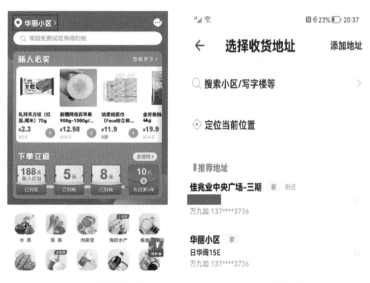

图3-10-1  "朴朴"首页          图3-10-2  选择收货地址

图3-10-3　添加收货地址　图3-10-4　七个城市选择小区

　　"朴朴"应用下载安装后，要注册登录（图3-10-5和图3-10-6），再把收货地址添加后就可以选购了。选购的商品放进购物车统一结算，付款后等送货员送货上门。具体的操作和其他外购应用大同小异，不再赘述。

图3-10-5　注册输入手机号　图3-10-6　注册获取验证

## 3.11 用"美篇"做图文并茂的文档

用"美篇"应用程序,把一些图片加上文字,配上音乐,制作成图文并茂的文档,抒发情怀,和朋友分享,是一件十分愉悦的事情(图3-11-1)。

"美篇"应用,界面清晰,容易操作。打开"美篇"首页,能看到朋友制作的作品(图3-11-2),点击右下的"我的"选项,能看到自己的"美篇"作品(图3-11-2),点击中间的"+"号按钮(图3-11-3)就进入创作提示页面(图3-11-4),点击"视频影集"按钮,就打开了做视频或影集美篇的提示页(图3-11-5)。

图3-11-1 "美篇"首页 图3-11-2 自己的美篇作品

如点击"制作影集"做成的"怀念母亲"美篇如图3-11-6所示。点击"文章"选项（图3-11-4），就打开做图文并茂美篇的提示页（图3-11-7）。像编书一样，先设计封面和正文，然后做图片、视频或文字，再加上背景音乐，就完成了"幼儿背唐诗"美篇（图3-11-8）。

制作过程中，图片可以从网络上下载，也可以从自己的图库中选择，前提是要把照片保存在手机上才能加载到"美篇"上来。用手机拍摄的图片，在手机"图库"应用中可找到。

图3-11-3　美篇中朋友的作品　　　　图3-11-4　创作提示页

图3-11-5　"视频或影集"

美篇制作提示

图3-11-6　"怀念母亲"

影集美篇

图3-11-7　点击"文章"

提示页

图3-11-8　"幼儿背唐诗"

美篇

　　在电脑上下载的，或是在电脑上保存的老照片，可打开微信电脑版，把照片复制到微信本人名下，再用手机保存，也会在"图库"中找到。

　　美篇中的文字可以临时撰写，也可以选择自己早期的文章。每段文字不得超过五千字，自己早期的文章，应该是保存在电脑上，可以打开微信电脑版，把文字从电脑中复制、粘贴到微信本人的名下，再复制、粘贴到手机应用程序WPS Office中的新建空白文档中。制作时，就要运用手机的多任务窗口，同时打开美篇、微信、WPS Office，把自己早期的文章逐段复制过来。美篇做好发布后，还可以继续编辑、修改、增加内容。

　　要修改"视频影集"类美篇，可点击页面右上角三个点"…"按钮（图3-11-9），在下拉菜单中有"编辑""设置""删除"选项（图3-11-10）。 点击"编辑"选项，打开"编辑"提示页面（图3-11-11），要修改则点击"编辑草稿"或"编辑原文"选项，不想修改了则点击"取消"选项。点击"编辑草稿"选项后，打开修改页面（图3-11-12），注意看页面提示，可增加照片添加字幕、增加或更换音乐。

　　要修改"文章"类美篇，则点击如图3-11-8页面下"编辑"选项，打开修改页面（图3-11-13）。

图3-11-9　要修改美篇

图3-11-10　"编辑""设置"
"删除"选项

图3-11-11　"编辑"提示页面

图3-11-12　美篇修改
提示页面

⏹ 15:50

　　根据修改页面框提示可增加"图片""文字""视频""音频"等项。点击要修改的选项，出现相应的选择项，点击"视频"或"图片"选项，就会打开手机图库中的视频或图片供选择。点击"音频"选项，就会打开音频修改页面，提供"录音""添加音频文件"供选择（图3-11-14）。音频文件作为背景音乐，从下载的音乐中选择，这要用到手机中的音乐应用程序，下载和美篇情调相符的音乐，作为美篇背景音乐。

图3-11-13　"文章"类美篇　图3-11-14　音频修改选项

　　　　　修改页面

　　美篇制作还涉及"说说""美篇书"，在此不再介绍，有兴趣的读者可自己去学习、制作和购买。

## 3.12  "墨迹天气"看天气预报

　　"墨迹天气"是手机必备应用程序之一（图3-12-1），可以关注居住地的天气状况（图3-12-2），也可搜索查看世界城市天气。可在关注中（点击左上角+号）加载一些感兴趣的城市，查看时只要左右滑动屏幕即可。要关注新城市的天气，可点击现在预报的城市地（图3-12-2），打开编辑城市、添加城市列表，点击"添加城市"选项后，在出现的搜索框中输入要关注的新地名，下面的列表中就会显示要关注的地名（图3-12-3），点击即可。

图3-12-1　"墨迹天气"首页　　图3-12-2　居住地天气预报

　　一个城市如果太大，墨迹天气则能做到预告城市街道小区附近的天气，例如，居住地在深圳龙岗坂田街道佳兆业中央广场小区2022年3月25日的天气预报如图3-13-2所示，江西九江市满庭春小区3月25日的天气预报如图3-12-4所示。

佳兆业·中央广场三期 ●📋　　27℃
龙岗区

九江市人民政府　　　　8℃

满庭春MOMA18栋　　　11℃

满庭春幼儿园　　　　　11℃

满庭春　　　　　　　　11℃

冈上镇　　　　　　　　15℃

白水湖公园(西北门)　　11℃

图3-12-3　编辑城市，　　　　图3-12-4　九江市
　　添加城市列表　　　　　　满庭春天气预报

## 🎧 3.13　"古诗文网"好比 "四库全书"

　　"四库全书"纸本书，汗牛充栋。手机上的"古诗文网"就好比"四库全书"，经史子集中的诗文都可找到。

打开"古诗文网",点击"古籍"选项,在页面中就可看到大目录"经史子集",想查阅哪方面的典籍,就点击打开(图3-13-1)。如果要找什么诗文,又不太记得,可在搜索框中输入相关的字词,例如,有一首李白的诗,写九江五老峰,但记不得了,只记得诗中有"巢云松"三字,于是在搜索框中输入"巢云松"(图3-13-2),点击搜索图标,则可把这首诗找出来(图3-13-3)。

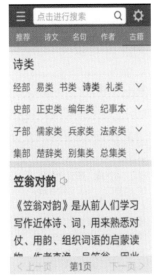 

图3-13-1　古诗文网页面　　图3-13-2　搜索"巢云松"

对古文、诗词还能给出注释,如通过《名句》读李商隐的《锦瑟》(图3-13-4)。

并且能显示对该诗的解释(图3-13-5)。

在阅读的过程中，遇到不认识的字词，点击字词，待其变蓝后，在跳出的提示中点击"释义"选项，给出解释。如读《史记.项羽本纪》，遇生字词"慴"（图3-13-6），则点击此字，待其变蓝后，跳出

图3-13-3　找到李白诗

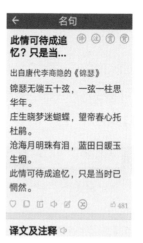

图3-13-4　李商隐《锦瑟》

图3-13-5　《锦瑟》释文　图3-13-6　《史记.项羽本纪》

提示，点击"释义"选项（图3-13-7），则给出该字的读音和解释（图3-13-8）。

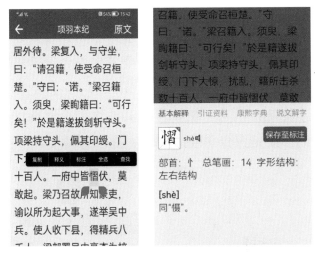

图3-13-7 选择"慴"　　图3-13-8 解释"慴"

"古诗文网"对喜欢读古文、古诗词的中老年朋友来说，是个非常好的应用程序。

## 3.14 "诗词吾爱"助你写诗、填词

喜欢写诗、填词的朋友，"诗词吾爱"是个非常好的应用程序（图3-14-1），能从中学习到诗词的格律、平仄、押韵知识，能检查自己写的诗词是否符合平仄及是否押韵。

　　此应用下载后第一次打开的操作步骤和很多应用程序一样，要用手机或邮箱登录（图3-14-2建议用短信登录）。其中有很多诗词爱好者写的诗词、散文发布在上面，可供用户欣赏、借鉴（图3-14-3）。自己撰写的诗词能否发布在上面，要鉴定是否符合格律要求。点击"工具"下的页面（图3-14-4），把作品输进文本框中，点击"测诗"或其他选项，就能评测出自己的作品是否合乎格律要求（图3-14-5）。

图3-14-1　"诗词吾爱"

图3-14-2　登录页面

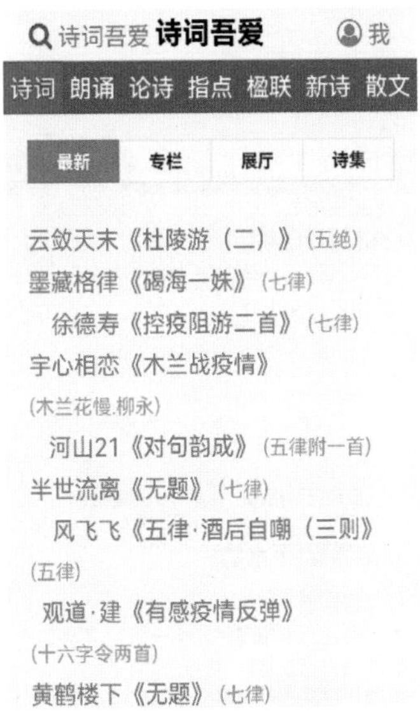

🔍 诗词吾爱 **诗词吾爱** 👤我

诗词 朗诵 论诗 指点 楹联 新诗 散文

| 最新 | 专栏 | 展厅 | 诗集 |

云敛天末《杜陵游（二）》(五绝)
墨藏格律《碣海一姝》(七律)
徐德寿《控疫阻游二首》(七律)
宇心相恋《木兰战疫情》
(木兰花慢.柳永)
河山21《对句韵成》(五律附一首)
半世流离《无题》(七律)
风飞飞《五律·酒后自嘲（三则）》
(五律)
观道·建《有感疫情反弹》
(十六字令两首)
黄鹤楼下《无题》(七律)

🔍 诗词吾爱 工具 👤我

诗词 格律 词谱 韵表 笺注 组词 典故 对联 繁简

| 测诗 | 测词 | 历代 | 笺注 | 词牌 | 韵部 |
| 组词 | 典故 | 繁简 | 清空 | | |

**每日一典：** 哭寝门 换一个

图3-14-3 作品目录，
点击可打开

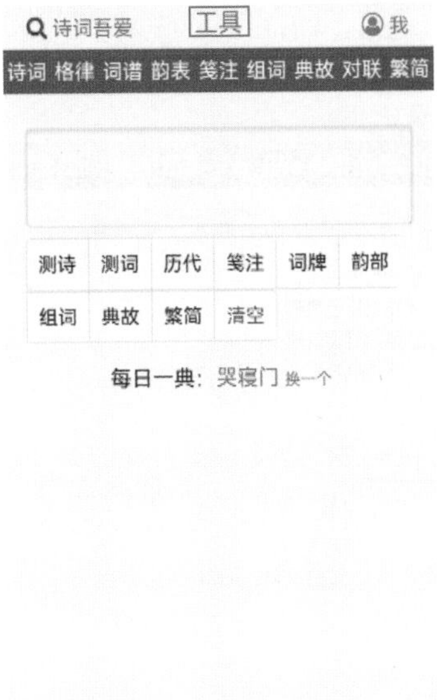

图3-14-4 点击"工具"
下的页面

把自拟的绝句"乔迁有感"发布在上面。

（序：本月深圳要乔迁新居，回想自2005年起，在北京、深圳蜗居，租宅十多年，今年岁末将迁自己新居。近日往返新居，见新居佳兆业路边桂花盛放，遥想在老家住进新宅已经年，特口占一绝以志。）

### 乔迁有感

蜗居租宅近十载，

岁末喜迁自家宅。

江南八月已折桂，

岭南冬月又再开。

点击"测诗"（图3-14-5）检测结果（平水韵）

（图3-14-6），转抄如下。

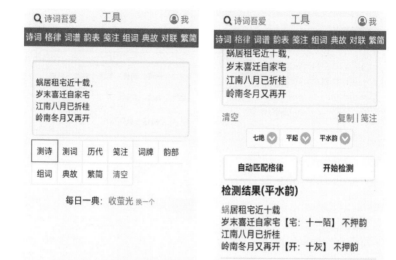

图3-14-5　输进工具框，　　　图3-14-6　检测结果
　　　　点击"测诗"

## 蜗居租宅近十载

岁末喜迁自家宅【宅：十一陌】不押韵

江南八月已折桂

岭南冬月又再开【开：十灰】不押韵

岭南冬月又再开【开：十灰】不押韵

押韵存在3个问题。平仄存在8个问题。

第6字 十 应平

第10字 喜 应平

第13字 家 应仄

第14字 宅 应平

第16字 南 应仄

第18字 月 应平

第19字 已 应平

第27字 再 应平

第1字 蜗 不在韵表中，请自行判断

重字提示：宅，南，月

## 3.15 掌上"汉语字典"随身带

　　"汉语字典"专业版为收费应用程序（图3-15-1），一次收费终生使用。收费不高，性价比优。下载到手机上，就好比随身带了一本功能齐全的字典（图3-15-2）。有小学生字表，读音能发声，书写能以动画出现笔顺（图3-15-3，"迅"字笔顺大多数人会写错）；有小学初中文言文（图3-15-4）；有每日诗词，古文能注释、赏析（图3-15-5）；有每日成语，能发声朗读（图3-15-6）。

　　汉字浩如烟海，谁也不敢妄言认识所有的汉字。即使一些鸿儒也发生过当众读错字而贻笑大方的事。汉字三要素：形，音，义。而多音、多义的字十分常见。有一本随身的字典，给学习工作带来方便，而字形的书写动画，有纸本字典无法企及的功能。对小学生学习汉字特别有益。

图3-15-1　"汉语字典"专业版

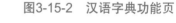

图3-15-2　汉语字典功能页

图3-15-3　"迅"的书写动画

### 小学初中文言文

**论语十则**

子曰:"学而时习之,不亦说乎?有朋自远方来,不亦乐乎?人不知而不...

**世说新语两则《咏雪》**

谢太傅寒雪日内集,与儿女讲论文义。俄而雪骤。公欣然曰:"白雪纷纷...

**世说新语两则《陈太丘与友期》**

陈太丘与友期行,期日中,过中不至,太丘舍去,去后乃至。...

**山市**

奂山山市,邑八景之一也,然数年恒不一见。孙公子禹年与同人饮楼上,...

**智子疑邻**

图3-15-4　小学初中文言文

图3-15-5　每日诗词　　　图3-15-6　"非池中物"解释

　　查阅不认识的字，例如读《史记.秦始皇本纪》中不认识的字"嫪毐"。在手机"汉语字典"上查阅（图3-15-7和图3-15-8），能给出全面解释。

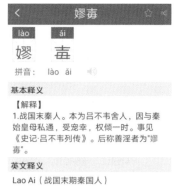

图3-15-7　搜索框中输入"嫪毐"　图3-15-8　查询"嫪毐"解释

## 3.16 写文章用"WPS Office"

　　手机上的WPS Office，写些短文比在纸上写来得快，又好修改。暂停撰写保存后，再打开还可以继续写。有些中老年人，平时有感而发，喜欢写些诗词、短文抒发情怀，写完了可以保存在WPS Office里，日久也会积累不少自己的作品。一些不常用的密码也可保存在WPS Office里。

　　打开应用，可看到保存的文章目录（图3-16-1），要写新文章，可点击右下红色"+"号图标，打开"新建"页面（图3-16-2）。

| 图3-16-1　WPS主页 | 图3-16-2　"新建"页面 |

点击"新建文档"选项，打开"新建文档"页面（图3-16-3），如果不打算用模板建立新文档，可点击"+新建空白"按钮，打开空白输入页（图3-16-4），就可以在上面输入想写的文字（图3-16-5）。文章暂停输入后，点击"保存"按钮，输入文章名（图3-16-6）。保存后，文章就会保存在目录中（图3-16-7）。

保存的旧文还可以在目录中打开，点击页面上的"编辑"按钮可再进行修改、续写（图3-16-8），在输入位置光标显现，修改成续写后，也要点击上面的保存图标进行保存（图3-16-9）。

图3-16-3 "新建文档"页面　　　图3-16-4 空白输入页

完成 🔲 ↺ ↻ 　 ① ✕　　　 ‹ **保存**

保存图标

保存路径
WPS云文档/我的云文档 ›

纪念甘雨先生百年诞辰
今年是甘雨先生，五叔诞辰百年。十年前，江华
我转成电子档，我到单位找来一台扫描仪，怀着
些五叔的墨迹都编在了《纪念甘雨先生九十诞辰
怀念先生的文章，说，你也是五叔的学生，你
道不尽的老师情》也收录在纪念文集中。
　　我一九六三年进一中，到高三时，语文课
个头，从高一带一个班到高三，同时再带一个
级的二（1）班，就是从高一带起。我们 66 届
最后的学生。

甘雨先生百年诞辰 .docx

加密 　　 保存

图3-16-5　输入文章　　　　　　图3-16-6　输入文章名

▦ **一（4）班中英文名单** ☆ ⋮
　 与我共享

▦ **一4班学生共同居住人** ☆ ⋮
　 **60岁以上人员疫苗接...**
　 与我共享

Ⓦ **金山文档版本更新说明** ☆ ⋮
　 与我共享

Ⓦ **岁月留痕--九江历史建** ☆ ⋮
　 **筑画展收稿(0)**
　 微信

Ⓦ **再写《难忘的时刻》** ☆ ⋮
　 我的云文档 　　　　　⊕

Ⓦ **参加七七高考前后** ☆ ⋮
　 我的云文档

📶 ▮ 30% 🔋 15:18

编辑 ☁ ⊙ 　　 ▦ ① ✕

　　今年是甘雨先生，五叔诞辰百年。
十年前，江华姐和姐夫周录发，把五叔
的黑迹交给我，要我转成电子档，我到
单位找来一台扫描仪，怀着崇敬的心
情，顺利完成了交给我的任务。这些五
叔的墨迹都编在了《纪念甘雨先生九
十诞辰文集》中，内人英华（甘雨先生侄
女）看了怀念先生的文章，说，你也是
五叔的学生，你怎么不写一篇，于是拙
文《说不尽的五叔亲，道不尽的老师情》
也收录在纪念文集中。
　　我一九六三年进一中，到高三
时，语文课才受教于甘雨先生。甘雨先
生教课一般是两个头，从高一带一个班

图3-16-7　目录中保存的　　　　图3-16-8　点击"编辑"
　　　　　 文章　　　　　　　　　　　　　 修改

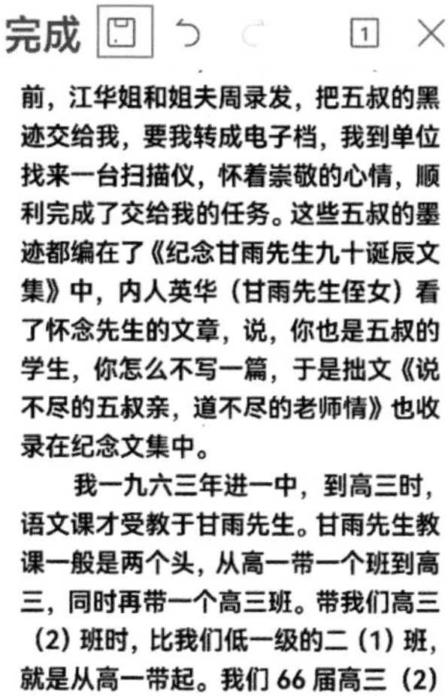

完成

前，江华姐和姐夫周录发，把五叔的黑迹交给我，要我转成电子档，我到单位找来一台扫描仪，怀着崇敬的心情，顺利完成了交给我的任务。这些五叔的墨迹都编在了《纪念甘雨先生九十诞辰文集》中，内人英华（甘雨先生侄女）看了怀念先生的文章，说，你也是五叔的学生，你怎么不写一篇，于是拙文《说不尽的五叔亲，道不尽的老师情》也收录在纪念文集中。

我一九六三年进一中，到高三时，语文课才受教于甘雨先生。甘雨先生教课一般是两个头，从高一带一个班到高三，同时再带一个高三班。带我们高三（2）班时，比我们低一级的二（1）班，就是从高一带起。我们66届高三（2）

图3-16-9　点击保存

在页面的下端有一些选项（图3-16-4），可对文档操作进行设置，如字体、适应手机、插图等，这些功能，只有多使用才会熟悉。

## 3.17　"老照片修复"APP的使用

本世纪初，数码摄影得到快速发展，利用胶片拍摄影像、照片成为了历史。过去大量的老照片，因保管不善，斑驳不清，污迹模糊。把这些历史记忆转为电子档，既可长期保存，又能很好地留给后人。这些旧照片通过扫描仪扫描、数码照相机翻拍，或用智能手机翻拍，就能转为数码照片。一些保管不善，模糊不清的旧照，可通过"老照片修复"APP进行修复，还能加色。

　　"老照片修复"APP，通过AI智能修复，能给照片去污及照片上色（图3-17-1）。

　　将一张翻拍后的上世纪50年代的旧照进行修复，原图如图3-17-2所示，利用AI智能修复并上色（图3-17-3，智能修复中），修复完成的照片如图3-17-4所示。

图3-17-1　　"老照片修复"　　　图3-17-2　　上世纪50年代的
　　　　　主页面　　　　　　　　　　　　　　旧照

　　该APP还开展了人工精修业务，重要的旧照片，可把照片发到公司，通过人工精修修复。点击"人工精修"按钮（图3-17-4），APP所属公司通过人工用专门的修复软件，能将照片基本复原，图3-17-5就是通过人工精修后达到的效果，基本恢复了照片的原样。
修复后的照片再通过AI智能加色，如图3-17-6所示。

图3-17-3　智能修复进行中　　图3-17-4　智能修复完成后照片

图3-17-5　进行人工精修后照片　　图3-17-6　人工精修后智能加色

## 3.18 用"傲软抠图"修照片，换照片背景

"傲软抠图"应用能修复照片，使照片去水印，人像变清晰。户外照片背景不好，还可以抠图换个好的背景。

该应用是收费软件，下载安装注册后，会给手机安装者一个UID账号。建议中老年朋友试用一下，感受该软件的奇妙。打开"傲软抠图"应用，从首页就能了解其基本功能（图3-18-1）。

先来做白底图。打开一张照片（图3-18-2），然

**傲软抠图**
万物皆可抠

**一键抠图**
去背景、换背景、可批量

**一键白底图**
多尺寸、可批量

证件照　　照片去水印　　人像变清晰

图3-18-1 "傲软抠图"主页面　　图3-18-2 用户户外照片

后点击图3-18-1中的"一键白底图"按钮，打开图库，点击图3-18-2的照片，白底图生成中（图3-18-3），瞬间功夫，白底图生成（图3-18-4）。

图3-18-3　白底图生成中　　　　图3-18-4　白底图生成

　　再来做个证件照，点击图3-18-1中的"证件照"选项，选择证件照的尺寸（图3-18-5），选择"二寸"选项，打开图库，再点击图3-18-2的照片，瞬间证件照生成（图3-18-6）。点击右上角的"保存"按钮，以备待用。生成了证件照，可以点击图3-18-6下面的色框，改变背景色，选择红色，改变一下背景（图3-18-7）。

< 　　**傲软证件照**　　　　　< 　　　　**编辑**　　保存

 　换底色

**热门规格**

**一寸**
295x413px | 25x35mm →

**二寸**
413x579px | 35x49mm →

**小一寸**
260x378px | 22x32mm →

**社保证（350dpi）**
358x441px | 26x32mm →

**小二寸**
413x531px | 35x45mm →

支持移动、双指缩放

图3-18-5　选择证件照尺寸　　　图3-18-6　证件照生成

　　生活照，也可以用一键抠图技术换背景。先找到一张庐山风景照，保存在图库中（图3-18-8）。在图库中选好要换背景的照片（图3-18-9），打开"傲软抠图"应用，点击"一键抠图"按钮，在打开的"图库"中找到图3-18-9，然后点击，页面显示"抠图执行中"（图3-18-10）。照片被抠出来，显示如图3-18-11所示，要换背景，则点击图3-18-11下面的背景，跳出选择背景的页面，选择"自定义"选项（图3-18-12），点击下面的风景图或是点击"+"号按钮到图库中去选择。

　　照片换背景完成（图3-18-13）。抠出来的图像，幅面可以调整，以适应背景画面。

支持移动、双指缩放

图3-18-7　红色背景证件照　　图3-18-8　庐山风景照

抠图执行中 66%

图3-18-9　待换背景的照片　　图3-18-10　抠图执行中

图3-18-11　人像抠出来　　　图3-18-12　自定义选择背景

图3-18-13　照片换背景完成

　　"傲软抠图"应用有照片变清晰的功能，试用一张上世纪70年代末胶卷拍摄的纸质照片，其经扫描变成了电子档。点击图3-18-1中的"人像变清晰"选项，打开图库，选择要修理的照片，如图3-18-14所示。

图3-18-14　原扫描过来的照片

经过修复，照片如图3-18-15所示，试比较一下，比原图是不是清晰了些？

图3-18-15　修复后的照片

不妨再试一张，对比效果如图3-18-16和图3-18-17所示。

图3-18-16　上世纪50年代初的照片

图3-18-17　修复后的照片

5. 手机定位系统如何设置?

第4章

微信应用

## 4.1 微信是用户最多的交互应用程序

　　微信是使用率最高的交互应用程序之一。国内大陆有智能手机的用户，几乎都会使用微信。

　　QQ等交互应用原是在电脑上开发出来的，而微信则是在智能手机平台开发出来的交互应用，随着智能手机的普及，微信得到了迅速传播。文字传递、语音传递、可视交互三大交互功能极大地方便了人们的超时空交往。

　　2020年新冠病毒疫情暴发，抗疫斗争中，进行核酸检测，查看健康码、行程卡都要调用微信中的小程序。微信已经成了智能手机的代名词之一。

## 4.2 微信需要实名制

　　将微信下载到手机上，登录时要注册，一般用自己的手机号注册（图4-2-1），并设置登录密码，之后微信会自动生成一个微信号，这个微信号不能给别人作为添加朋友的微信号，要修改或重拟，微信号一年只能修改一次。 原来注册并开通了微信的用户，在微信应用删除后，若还要使用微信，此时要重新安装微信，再重新登录，登录时仍可使用手机号。若登录密码不记得了，可以用手机接收验证码的方式登录（图4-2-2），点击"获取验证码"按钮，网络就会发送一个验证码给用户的手机，把此验证码填入验证码输入框，微信要用两位微信朋友的手机进行验证。所以微信的登录密码最好不要忘记。

图4-2-1　注册或登录微信　　图4-2-2　用手机接收的验证码登录

## 4.3 微信互加朋友

与新朋友交换微信，可点击右上角的+号按钮，在下拉菜单中点击"添加朋友"选项（图4-3-1），以手机号、QQ号或微信号在搜索框中搜索（图4-3-2），寻找朋友，将添加请求发送出去，对方（或自己）就会收到要求成为朋友的信息。如果同意，就点击"接受"按钮；不同意，就点击此对象后，点击跳出的"删除"按钮即可（图4-3-3）。

图4-3-1　添加朋友

图4-3-2　搜索朋友

图4-3-3 接受或删除

　　和新朋友见面，可以通过扫描二维码添加微信。打开微信，点击右下的"我"选项（图4-3-4），打开"我"页面，点击个人信息图标（图4-3-5），打开"个人信息"页面，点击"二维码名片（图4-3-6）"选项，打开个人二维码（图4-3-7），新朋友用自己的微信"扫一扫"功能扫描，即可添加为微信朋友。

图4-3-4 "微信"页面（1）　图4-3-5 "我"页面（1）

图4-3-6　"个人信息"页面　　图4-3-7　二维码名片

## 4.4　建微信群

　　志趣相投的朋友、同学在微信上聊天，可以建一个微信群，首先发起群聊的就是所建群的群主。如何建微信聊天群?在图4-3-1的下拉菜单中，点击"发起群聊"选项，在打开的微信通信录中，勾选要进群的朋友（图4-4-1），就建好了一个微信群。微信中会显示建好的群（图4-4-2）。群刚建好，没有群名，打开该群聊天页面，点击右上角的三个点"…"图标（图4-4-3），打开"聊天信息"页面（图4-4-4），"群聊名称"为"未命名"。点击"未命名"选项，打开"修改群聊名称"页面，将刚建的群命名为"天涯共此时"（图4-4-5）。在微信主页面中就可以看到改好的群名（图4-4-6）。想给群改名也是同样的操作，点击已有的群聊名称，打开"修改群聊名称"页面，在跳出的输入框中可进行修改。

图4-4-1　勾选进群朋友　图4-4-2　群建好，未命名

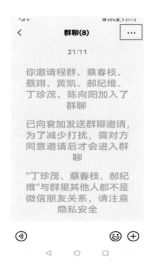

图4-4-3　打开尚未命名的群　图4-4-4　"聊天信息"页面（1）

图4-4-5　修改群名　　图4-4-6　微信中显示群名

## 4.5　微信群朋友的增加和删除

　　群主建群后，非群主也可以把朋友拉进群里，注意图4-4-4中有加"+"、减"-"两个符号。群主的手机微信中才会有减号"-"。一般的群中朋友，只有"+"号。

　　加朋友到群中，点击微信群，在右上角点击三个点"…"图标（图4-5-1），打开"聊天信息"页面，点击"+"符号（图4-5-2），打开"选择联系人"页面，勾选要加进群的朋友，再点击"完成"按钮即可（图4-5-3）。

　　只有群主才有资格把群中的朋友删除。在群主打开的"聊天信息"页面中点击"-"符号（图4-4-4），打开"聊天成员"窗口，勾选要删除的群友（图4-5-4），再点击右上角的"删除"按钮即可。

图4-5-1 微信群　　图4-5-2 "聊天信息"页面（2）

图4-5-3 选择朋友进群　　图4-5-4 勾选要删除的群友

　　群成员自己要退出群也是可以的。点击微信群（图4-5-1），再点击右上角的三个点"…"图标，在打开的窗口中，滑动到底部，点击"删除并退出"按钮（图4-5-5），自己就退出群了。

图4-5-5　群成员自己退群

## 4.6　给微信成员加备注名

　　微信朋友之间交往时，有人会把自己的真实姓名隐藏，给自己取一个昵称，时间一长，会忘掉取这个昵称的朋友是谁。这样的事屡见不鲜，为了避免这样的事发生，有必要及时把不用真实姓名而用昵称的朋友加注备注名，防止时间一长，忘掉这个昵称朋友是

谁。微信中有个朋友，昵称为老五，为防止忘记这个
朋友是谁，要把这个朋友的昵称改过来。首先点击这
个朋友的微信头像，打开聊天页面（图4-6-1）（或
打开群聊天成员页面），再点击朋友头像，打开朋友
的详细资料页面（图4-6-2），点击右上角的三个点
"…"图标，在"设置备注和标签"选项的"备注"
栏中，原昵称为"老五"（图4-6-3），在原昵称名处
点击，出现光标和输入框，把昵称删除，输入真实的
名称"武陵源"（图4-6-4）。微信主界面中，朋友的
昵称变为真实的姓名（图4-6-5）。

图4-6-1 聊天页面　　　图4-6-2 微信朋友的详细
资料页面

图4-6-3 原备注信息　　图4-6-4 改备注名

图4-6-5 备注名改好

## 4.7 群主的"群管理"

微信群是群主所建，群主相当于微信群的"领导"，有删除群友的权利（4.5节已述），其他人要进群还有批准的权利。不想当群主了，有放弃的权利。

（1）群主可以启用"群聊邀请确认"功能，群成员需要群主确认才能邀请朋友进群。群主打开微信群，点击右上角的三个点"…"图标，在打开的页面中，滑动找到"群管理"选项（图4-7-1）并点击，打开"群管理"页面（图4-7-2），"群聊邀请确认"功能启用后，群成员需群主确认才能邀请朋友进群。"群聊邀请确认"功能启用或取消会在微信群中进行告示（图4-7-3）。

（2）群主管理权转让。微信群的群主不想做群主了，可以把群主管理权转让。只有群主才有转让的资格。打开微信群"聊天信息"页面，滑动找到"群管理"选项（图4-7-1），打开"群管理"页面，点击"群主管理权转让"选项（图4-7-2），打开"选择新群主"页面，群所有成员都列在该页面中（图4-7-4），要把群主转让给谁就选择谁。在弹出的提示中点击"确定"按钮（图4-7-5），群主更换后也会在群中进行告示（图4-7-6）。

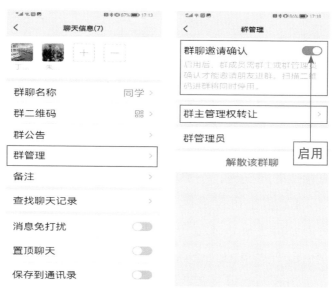

图4-7-1 "群管理"选项　　图4-7-2 "群管理"页面

图4-7-3 微信群中告示　　图4-7-4 选择新群主

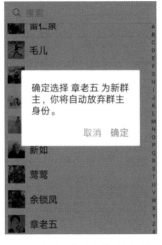

图4-7-5 点击"确定"按钮换群主　　图4-7-6 群主更换告示

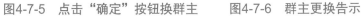

## 4.8 微信、支付宝支付的准备工作

　　智能手机上的应用程序"微信""支付宝"改变了人们购物、还款、转账的支付方式，既能防止找付纸币的污染，又不用担心假币。

　　有些中老年朋友的养老金是由社保单位或公司发到一个银行存折上，每月到期到银行排队领取。还有些中老年朋友，到外地小住，从老家银行提取大量现金去消费，这些都是不能享受现代科技的表现。

　　为了方便使用微信、支付宝的支付方式，中老年朋友要做哪些准备工作？

（1）申办一张银行卡。带上本人身份证，到领取社保养老金的银行开办一张银行卡。

（2）在银行账户留下手机号，为以后注册、验证码验证、账户余额变动通知做准备。微信、支付宝支付无须开通网上银行。如果要开通手机银行，则要和银行签约。

（3）熟悉从存折往银行卡划账的自助柜员机功能。银行营业网点都备有自助柜员机，要从养老金存折往银行卡上划账，可到自助柜员机上去操作，这样就避免了在银行柜台排队划账。

一退休老人，到社保中心领养老金时，得到一个银行存折，到银行柜台，想申办一张和该存折相关联的银行卡，银行回答，社保金存折不能办银行卡。于是该老人只得再申办一张该银行的银行卡，并签约网上银行。该老人常年在深圳儿孙处生活，每年回老家时，就到银行自助柜员机上，把存折上的存款划拨到银行卡上。在深圳时则使用微信或支付宝支付。

## 🎧 4.9　微信支付，进行实名认证，绑定银行卡，设置支付密码

微信支付要实名认证，要绑定银行卡，要设置支

付密码。

　　按照页面提示，仔细完成实名认证、绑定银行卡、手机号确认、支付密码设定等步骤。

　　打开微信，点击右下角的"我"选项（图4-9-1），打开"我"页面；点击"服务"选项（图4-9-2），打开"服务"页面，可以看到"钱包"选项下的"待实名认证"选项（图4-9-3）；点击"钱包"选项，打开"钱包"页面，在"身份信息"选项右边有"立即实名认证"的提示（图4-9-4）。点击此提示信息，先后打开两项政策规定页面（图4-9-5和图4-9-6），点击图4-9-6的"同意"按钮后，打开"填写身份信息"页面（图4-9-7），填写完成后，打开银行卡绑定页面，把银行卡卡号无误录入（图4-9-8），点击"下一步"按钮，页面跳转到手机号确认页面（图4-9-9和图4-9-10），银行会向手机发送验证码（申办银行卡时，要把手机号留在银行账面）以确认身份（图4-9-11）。手机验证后，立即设置6位数字的支付密码，支付密码要设置两次。设置完成后，微信支付设置就大功告成（图4-9-12）。

　　微信支付设置是一项重要工作，要认真细致完成。

图4-9-1 "微信"页面（2） 图4-9-2 "我"页面（2）

图4-9-3 "服务"页面（1） 图4-9-4 "钱包"页面（1）

实名认证

根据央行监管规定，你需要完成
实名认证才能使用红包、转账、
购买商品等微信支付功能。

立即认证

图4-9-5 实名认证

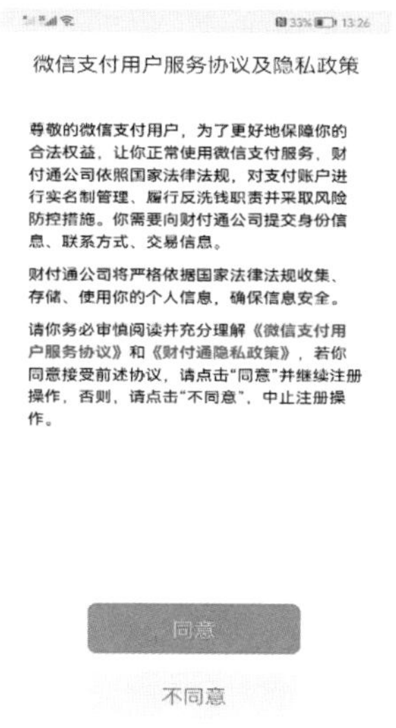

微信支付用户服务协议及隐私政策

尊敬的微信支付用户，为了更好地保障你的合法权益，让你正常使用微信支付服务，财付通公司依照国家法律法规，对支付账户进行实名制管理、履行反洗钱职责并采取风险防控措施。你需要向财付通公司提交身份信息、联系方式、交易信息。

财付通公司将严格依据国家法律法规收集、存储、使用你的个人信息，确保信息安全。

请你务必审慎阅读并充分理解《微信支付用户服务协议》和《财付通隐私政策》，若你同意接受前述协议，请点击"同意"并继续注册操作，否则，请点击"不同意"，中止注册操作。

同意

不同意

图4-9-6 同意协议

填写身份信息

| 姓名 | 请输入本人... |
| 性别 | 选择性别 > |
| 证件类型 | 居民身份证 > |
| 证件号 | 填写完整证... |
| 证件生效期 | 选择证件生效期 > |
| 证件失效期 | 选择证件失效期 > |

图4-9-7 填写身份信息

添加银行卡

完成实名认证需要添加本人银行卡
了解安全保障

卡号 微信号本人银行卡号

下一步

图4-9-8 填写银行卡号

图4-9-9　填写银行预留信息　图4-9-10　银行预留手机号

图4-9-11　验证码验证手机　图4-9-12　实名认证成功

　　如果有多张银行卡，也可以再次进行加以绑定，只要在"钱包"页面中，点击"银行卡"选项（图4-9-13）就可打开"银行卡"页面，点击"添加银行卡"选项，按照提示进行操作即可。这里不再赘述。

绑定银行卡后，消费时可选择用"零钱""零钱通"或"银行卡"支付，可以向"零钱""零钱通"充值，或从"零钱""零钱通"提现到银行卡。

"零钱通"是理财工具，按照微信理财通的说明，从银行卡充值到"零钱通"，就是买了基金。"零钱通"转入、转出很灵活，"零钱通"的金额，每天都有利息产生，七日年化率随金融市场变化，但比银行活期利率要高。中老年人，每月的养老金没有消费完，转到"零钱通"是个不错的选择，既有不低于银行活期的利率，要急用钱时，也不犯愁，随时可用微信支付，或转入银行卡（图4-9-14）。

图4-9-13　"钱包"页面（2）

图4-9-14　零钱通账户

## 4.10　微信支付，收费

微信绑定银行卡后，支付就十分方便。

（1）扫描二维码向对方付款。

打开微信，点击右上角+号图标（图4-10-1），若向商家或朋友付款，可在下拉菜单中点击"扫一扫"选项，对准商家或朋友提供的收款二维码进行扫描（图4-10-2），自己手机就会打开手机付款窗口，输入应付金额后（图4-10-3），点击"付款"按钮，款就付给对方了。

图4-10-1　微信下拉菜单

图4-10-2　客户收款二维码

（2）打开"收付款"窗口付款。

　　超市、商场的收款机有专门的扫描器用于收款。购物结账时，收银员通过扫描顾客手机的付款二维码进行收款。点击下拉菜单中的"收付款"选项（图4-10-1），打开"收付款"窗口（图4-10-4），将二维码给收银员扫描，则购物款被收取。收款成功后，手机窗口会提示收取了多少钱，要注意查看，以免收错。

图4-10-3　输入付款数　　　图4-10-4　让商家扫描付款

（3）打开二维码收款。

　　收款，是扫描付款的逆过程。可点击"二维码收款"选项（图4-10-4），打开收款的二维码（图4-10-5），由付款人点击本人微信的"扫一扫"选项（图4-10-1），扫描后，输入付款金额，确定后，款就收到了自己钱包中。

（4）改变优先付款方式。

优先付款，可选择手机绑定的银行卡或零钱。要改变优先付款方式，可点击现有的优先付款方式，打开菜单进行选择。如图4-10-4所示为储蓄卡优先付款，要改变可点击相应的储蓄卡选项，在下拉菜单选择"零钱"选项优先付款（图4-10-6）。

图4-10-5　收款窗口　　　图4-10-6　选择"零钱"优先付款

## 🎧 4.11　微信支付的安全设置

设置锁屏后，别人轻易打不开自己的手机，但并不保险，万一锁屏被解开，微信支付收付款功能就会暴露无遗，收付款的收付码被不法者扫描，那自己微信和银行卡中的钱款就会被不法者取走，因此即使设置了手机锁屏，还是要设置微信支付安全密码。

在图4-9-3中的"服务"页面中，点击"钱包"选项，打开"钱包"页面（图4-11-1），点击"安全保障"选项，打开"微信保护你的支付安全"页面（图4-11-2）。点击"安全锁"选项，打开"安全锁"页面（图4-11-3），可以选择"指纹解锁"或"手势密码解锁"方式，选择哪种方式都会打开"请输入支付密码，以验证身份"的提示页面（图4-11-4）。把支付密码准确输入后，会打开"请设置手势密码"页面（图4-11-5）或"请验证已有的指纹，以设置指纹解锁"页面（图4-11-6）。

图4-11-1　"钱包"页面（3）　图4-11-2　微信保护选安全锁

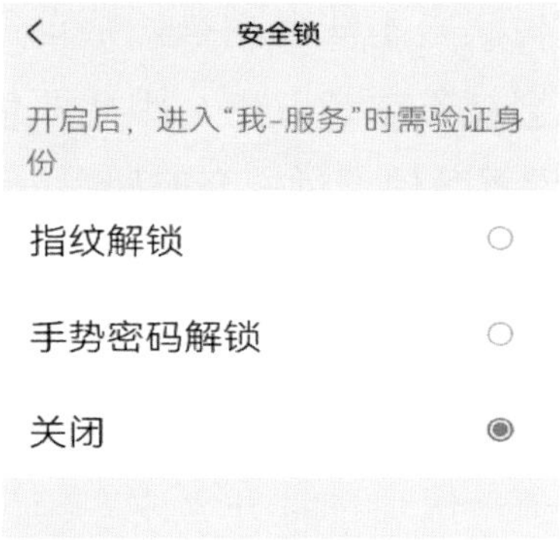

< 　　　　安全锁

开启后，进入"我-服务"时需验证身份

指纹解锁　　　　　　　　○

手势密码解锁　　　　　　○

关闭　　　　　　　　　　◉

图4-11-3　"安全锁"页面

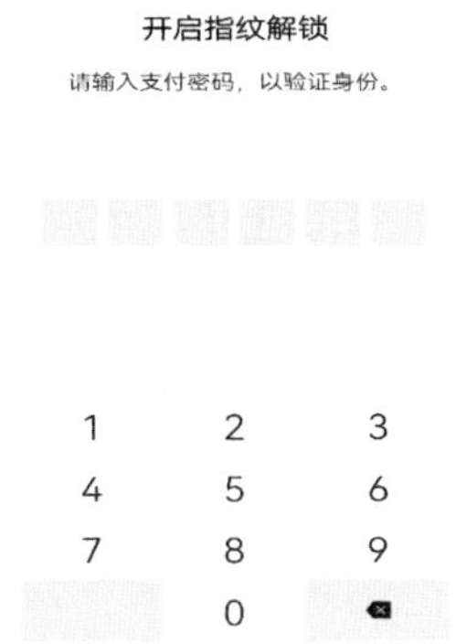

开启指纹解锁

请输入支付密码，以验证身份。

| 1 | 2 | 3 |
|---|---|---|
| 4 | 5 | 6 |
| 7 | 8 | 9 |
|   | 0 | ⌫ |

图4-11-4　输入支付密码，
　　　　　验证身份

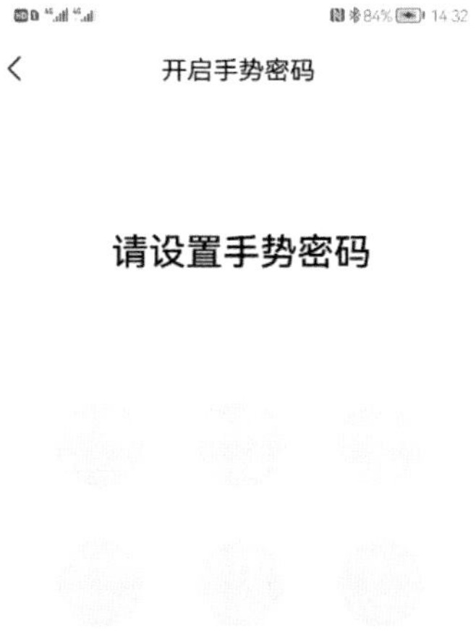

< 　　　　开启手势密码

请设置手势密码

图4-11-5　设置手势密码

请验证已有的指纹，以设置指纹解锁

图4-11-6　设置指纹解锁

　　手势密码设置完成后会要求再设置一遍，两遍要求手势轨迹一样（图4-11-7）。设置指纹解锁时需要用手指指肚按住图示下端指纹图。设置完成后，在"安全锁"页面选项后面的解锁方式有绿点显示（图4-11-8）。

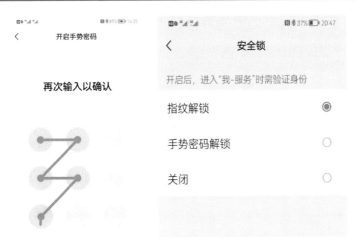

图4-11-7 设置手势密码　　图4-11-8 设置了指纹解锁

　　以后进入"我"—"服务"页面时，需使用解锁方式验证身份。

## 4.12 微信发红包、转账

　　微信有发红包、转账功能，可以一对一发红包，也可以向群中成员发红包，单个红包最高金额不得超过200元。点击发红包的对象（成员或群），然后点击右下角+号按钮，打开如图4-12-1所示的页面。点击"红包"选项，则向个人或群中发红包，打开"发红包"页面，输入"单个金额"200元（图4-12-2），点击"塞钱进红包"按钮后，打开支付密码输入页面（图4-12-3），输入支付密码后，红包发出（图4-12-4），对方微信会收到领取的消息，点击红包后，红包金额会存到对方微信"零钱"中。

图4-12-1　打开发红包的页面

图4-12-2　塞钱进红包

图4-12-3　输入支付密码

图4-12-4　红包发出，等待对方在微信上点击

　　向群中发红包，可根据群中成员人数设置红包个数（图4-12-5），少于或等于群成员数，成员只能领取一次，红包数多于群中人数，则红包不会全部领取，多余的红包会在24小时后自动退回。向群中发红包有三种方式（图4-12-5）。

　　（1）拼手气红包（图4-12-6）。群中朋友抢红包凭手气，得到的红包金额不一样。

图4-12-5　选择向群里　　图4-12-6　向群里发拼
　　发红包的方式　　　　　　手气红包

　　（2）普通红包（图4-12-7）。根据群中人数，把所发红包的金额均分，如红包金额21元，发给7人，则每人3元。

　　（3）专属红包（图4-12-8）。在页面上注明，红包发给群中的什么人。

图4-12-7　普通红包　　图4-12-8　专属红包

　　转账只能一对一，也不受金额限制。发出的红包、转账都要对方点击领取，如果在24小时内没有领取，红包或转账都会退回原账户。

　　打开向群发红包页面，发红包、转账可以从微信零钱、"零钱通"中支出，也可以从绑定的银行卡中支出。

## 🎧 4.13　在微信中给亲人赠送亲属卡消费

　　在微信中，可向亲人赠送亲属卡，让亲人花费赠送者的钱。打开微信，点击右下的"我"选项，打开如图4-13-1所示的页面。点击"服务"选项，打开"服务"页面（图4-13-2）。点击"钱包"选项，打开"钱包"页面（图4-13-3），可以看到页面中有"亲属卡"选项，点击"亲属卡"选项，再点击"赠送亲属卡"按钮（图4-13-4），打开选择赠予对象页面，可以选择父亲、母亲、子女或其他亲人（图4-13-5）。

图4-13-1 "我"页面（3） 图4-13-2 "服务"页面（2）

图4-13-3 "钱包"页面（4） 图4-13-4 "赠送亲属卡"按钮

选择"其他亲人"选项后，会打开自己微信的通信录（图4-13-6），选择受赠对象。点击相应对象后打开"设置额度"页面，设置给受赠者每月消费的上限金额（图4-13-7），再点击"赠送亲属卡"按钮，会打开"支付密码，以验明身份"页面，把微信支付密码输入后，再次点击"赠送亲属卡"按钮，等待对方领取。

图4-13-5　赠送亲人选择　　图4-13-6　选择受赠对象

受赠者在其手机微信的页面中点击"亲属卡"选项，在打开的"亲属卡"页面中，点击"领取"按钮（图4-13-8），即完成了赠送和接收。赠送者可用微信绑定的银行卡、信用卡，或微信零钱、"零钱通"供受赠者消费。

赠送的亲属卡，赠送方、受赠方都可解绑。受赠者在微信"钱包"页面（图4-13-3）可看到赠送的亲属卡。点击"亲属卡"后，再点击右上角的三个点"…"图标，就能显示"解绑亲属卡"的提示（图4-13-9）。

　　赠送方在"亲属卡"的页面中，点击右上角的三个点"…"图标，也能显示"解绑亲属卡"的提示（图4-13-10）。点击此提示就能解绑赠送的亲属卡。

图4-13-7　赠送金额　　图4-13-8　受赠者领取

图4-13-9　受赠方解绑　　图4-13-10　赠送方解绑

## 4.14　在微信"朋友圈"中抒发情怀

　　点击微信页面下端的"发现"选项（图4-14-1），打开"朋友圈"（图4-14-2），可以看到自己或微信朋友上传的图片、撰写的文章（图4-14-3）。自己有好的照片、文章也可发到朋友圈中和朋友共享。

图4-14-1　点击"发现"选项　　图4-14-2　点击"朋友圈"

　　点击图4-14-3右上角的照相机图标，会跳出"拍摄"或"从相册选择"的提示（图4-14-4）。上传照片（最多可上传九张）并点击"这一刻的想法"输入框，撰写内容后（图4-14-5），点击"发表"按钮，即可上传到朋友圈中（图4-14-6）。微信群中的成员，如果和自己不是微信朋友关系，是看不到自己朋友圈中的内容的。自己的照片和文字上传朋友圈后，微信朋友看到了，可以发表评论或点赞（图4-13-7）。

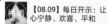

图4-14-3 看朋友圈

图4-14-4 拍摄或从相册选择

图4-14-5 上传九张照片

图4-14-6 点击发表，上传朋友圈

图4-14-7　朋友圈朋友的点赞

## 4.15　微信的小程序：核酸码、健康码、行程卡

利用大数据技术，微信中的小程序能查询到机主的健康码、行程卡和核酸码。打开微信的首页，用手指从屏幕上端向下滑动，就可打开小程序页面（图4-15-1），或者点击页面下端的"发现"选项，在打开的页面最下端找到"我的小程序"进行点击，也能打开"小程序"页面（图4-15-2）。

图4-15-1 微信首页下划　图4-15-2 点击"发现"选项，打开
"小程序"页面

　　微信中的小程序可以在"搜索"中查找。

　　以广东深圳为例，在社区检测核酸，工作人员通知打开"粤核酸码"小程序。受检者在小程序中搜索后打开"粤核酸"小程序，给检测人员扫描（图4-15-3）。打开后要填入一些数据，不善操作者，要在现场工作人员的指导下点击，填入一些信息，关键是检测者的身份证号，所以18位数的身份证号要能记住或保存在微信的收藏里，便于随时找出输入。

　　没有手机的小学生、幼童、老人，可由家人找出核酸码，保存在手机里（可截图保存在图库），检测核酸时，点击核酸码给工作人员扫描（图4-15-4~图4-15-6）。

〈 粤核酸码 ··· ◉

姓名:万九如

【大规模核酸筛查】

采样时出示给医护人员核实
**本核酸码长期有效，可截图保存使用**
请注意保护好您的个人隐私

修改受检人信息

删除受检人信息

图4-15-3 核酸码

〈 粤核酸 ··· ◉

**大规模核酸筛查**

👤 微信用户

 检测申请 〉

万加苡
证件号码:44030320********04

万加莱
证件号码:36040320********55

万九如
证件号码:36040319********1X

图4-15-4 家长和幼童的核酸码

〈 粤核酸码 ··· ◉

姓名:万加莱

【大规模核酸筛查】

采样时出示给医护人员核实
**本核酸码长期有效，可截图保存使用**
请注意保护好您的个人隐私

修改受检人信息

图4-15-5 幼童1核酸码

〈 粤核酸码 ··· ◉

姓名:万加苡

【大规模核酸筛查】

采样时出示给医护人员核实
**本核酸码长期有效，可截图保存使用**
请注意保护好您的个人隐私

修改受检人信息

图4-15-6 幼童2核酸码

　　核酸检测前必须先扫描核酸检测码，检测后的结果在健康码（深圳为深i码）上显示（图4-15-7）。到公共场合、乘地铁、去超市、去影院、进小区等，门岗会要求人员出示健康码，或要求用手机扫描"深i二维码"（图4-15-8），显示"深i您—自主申报"页面，点击后填入手机号，显示健康绿码才让通行。

图4-15-7　健康码　　　　　图4-15-8　深i二维码

　　各省核酸检查，健康码的叫法不一。深圳叫"深i码"，江西叫"赣通码"。

　　用支付宝也能进行核酸检查。

　　行程卡可在小程序中搜索找出来（图4-15-9），也可在一些公共场合或小区的大门外，扫描"通信大数据行程卡"二维码（图4-15-10），填入手机号后，获取手机验证码（图4-15-11），点击"查询"按钮，会显示机主前7天的行程（图4-15-12）。

图4-15-9　搜索"行程卡"

图4-15-10　扫描查行程

图4-15-11　填入手机号

图4-15-12　行程卡

## 4.16 微信中的小程序——识花君

　　微信的"小程序"中包含了一些小游戏。打开微信页面，点击下端的"发现"选项，点击"小程序"选项（图4-16-1），就把微信中的小程序都列了出来（图4-16-2）。

图4-16-1 "发现"菜单　图4-16-2 "小程序"菜单

　　其中有个"识花君"小程序，能帮助识别各种花卉。打开"识花君"小程序，页面下端有三个选项按钮："发现""看点""我的"。点击"发现"选项，可实景拍摄花草树木进行辨识，点击"我的"选项，可展示使用"识花君"小程序的识花记录。

运用"拍照识花"功能（图4-16-3）时，把手机镜头对着要辨识的花卉，点击"拍照识花"按钮，即可辨识花卉，图4-16-4是在深圳某小区拍照识得的"鸡蛋花"。

图4-16-3　拍照识花　　　图4-16-4　识得"鸡蛋花"

手机相册里保存有在路边拍摄的植物樟树叶（图4-16-5）和月季花的照片（图4-16-6），打开"识花君"小程序，从相册选择其照片同样能辨识出来。

点击"我的"选项（图4-16-7），记录了机主使用"识花君"小程序的识花记录（图4-16-8）。

户外见到不认识的花草，也可以先用手机中的照相机拍摄下来（图4-16-9）保存在相册中，稍后再用"识花君"小程序来识花（图4-16-10）。

月季花

别名:月月红、月月花、长春花、四季花…

识花品种日榜

QQ浏览器已为您捐1分钱
点击开启守护之旅

图4-16-5　路边樟树叶照片　图4-16-6　相册中的月季花

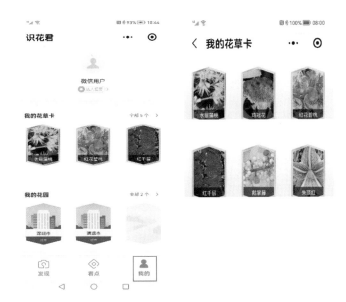

图4-16-7　点击"我的"选项　图4-16-8　识花记录

**玛瑙石榴**

石榴科·石榴属

🌐 **植物百科**

玛瑙石榴，石榴的一个品种，花边泛白，观赏性好。玛瑙石榴是从栽培的牡丹石榴中发现一棵开橘红色花的变异枝株，玛瑙石榴花形硕大丰满重瓣，颜色橘红色。花期5月中下旬至10月上中旬，花如颗颗玛瑙镶满枝头，极具绿化美化效果，堪 更多

图4-16-9　相册中的花草照片　　图4-16-10　打开相册识花

 思考题

　　6. 如何把微信中不想保留的联系人删除？

　　7. 如何用微信的"扫一扫"功能扫描朋友发到自己手机上的二维码？

 第5章

 智能手机的通信功能

　　智能手机如果没有安装通信卡，在WiFi条件下，就像平板电脑一样可以上网。但要进行无线通信，就必须装载通信公司的通信卡，即SIM卡，也称为用户身份卡、智能卡。GSM（全球移动通信系统）数字移动电话必须装上此卡才能使用。

　　安装手机通信卡时，从手机侧面挑开封闭条，拉出卡槽，放入剪切好的通信卡即可。一般手机都能插入双卡，还能装载储存卡，给存储空间不足的手机增加存储量。

　　申办了通信公司的通信卡，如果自己不会安装，也可以请通信公司技术人员帮忙。

## 5.1 拨号

　　安装了SIM卡后，拨电话时，点击如图5-1-1所示的电话听筒图标，打开如图5-1-2所示的页面，点击对方电话号码进行拨打。如果是双卡双待手机，则可选择用自己手机中哪个通信卡通话（图5-1-3）。如果在"设置"的"双卡管理"中设置了专门用来拨号的通信卡，就不会出现图5-1-3中选择拨号卡的页面。

图5-1-1　手机桌面

图5-1-2　拨号打开的页面

图5-1-3　选择通信卡拨号

## 5.2　用搜索方法查找联系人

　　有的人手机中的联系人多达数百位，要找联系人（以姓氏拼音按英文字母排序）需要一条条翻看，费力、费时，这时可在搜索框中输入联系人姓名中的个别字或姓氏，有相同字的联系人都会出现在页面中供选择，不用一条条翻看。例如，要找一位姓"章"的朋友，在输入框中输入"章"字，则联系人中有"章"字的联系人都会列出（图5-2-1），需要电话联系谁，就点击谁，电话就拨出去了。

图5-2-1　查找联系人

## 5.3 新建联系人

拨出或打进来的新号码会在手机上暂存，如要长期保存，可"新建联系人"。如图5-3-1所示，有一个电话是以后还要联系的旅行社，可以把该电话作为联系人保存起来，方便以后联系。点击页面上的"新建联系人"选项（图5-3-2），在"新建联系人"页面中把姓名等信息输入后，点击右上角的"✓"按钮，则电话保存在手机的"联系人"里（图5-3-3）。打开手机"联系人"页面，则该号码的信息已经保存，点击联系人，则展开其详细信息（图5-3-4）。

图5-3-1 打出的电话　　　图5-3-2 "新建联系人"页面

← 🔍 天      ✕

找到 5 个联系人

许 **天福：小许**

气 **天然气**

理 **天马旅行社经理**

编 **海天编辑**

气 **冯杰天燃气**

理

**天马旅行社经理**

**180** ████ **245**   📞 💬
手机 - 湖北黄冈 电信

**默认**
电话铃声

☆ 收藏    🖊 编辑    ⋮⋮ 更多选项

图5-3-3 "联系人"页       图5-3-4 联系人信息

## 🎧 5.4 扩展"新建联系人"功能

经常发生中老年人忘记自己银行卡的取款密码，而到银行挂失的案例。手机中的"新建联系人"功能，还可把自己要记住的取款密码保存在联系人中。打开拨号页面（图5-4-1），点击下面的"联系人"选项，在打开的页面中（图5-4-2）点击上端的"+"按钮，打开"新建联系人"页面，把"取款密码""123456"等信息输入后，点击右上的"√"按钮（图5-4-3），则取款密码就保存在手机联系人的信息中了。以后一旦忘记了取款密码，只需在搜索框中输入"密"字（图5-4-4），就会在页面上把和"密"

字有关的信息都列出来，点击"取款密码"选项则可打开所保存的密码。

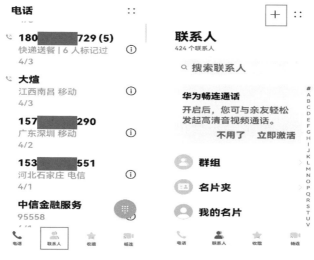

图5-4-1　拨号页面　　　图5-4-2　"联系人"页面

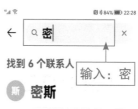

图5-4-3　保存取款密码　　图5-4-4　搜索密码

其他要记住而又不容易记住的密码，也可以用这种方式保存在手机的电话联系人里。

## 🞇 5.5　短信功能

智能手机发短信仍不失为一种简单的文字通信方式，收发双方不受智能手机、传统手机的限制。打开要发短信的手机号，点击号码后面的短信符号（图5-5-1），打开"新建信息"页面，把短信内容输入完成后，点击朝上箭头按钮，短信即发出（图5-5-2）。

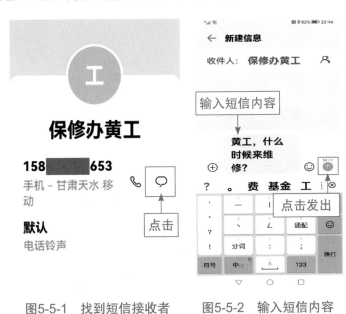

图5-5-1　找到短信接收者　　图5-5-2　输入短信内容

## 5.6 微信应用通信

腾讯公司开发的微信应用是使用率最高的交互程序之一，其文字通信、语音通信、可视通信功能大大缩短了人与人之间的距离。

微信要实现通信，只能与微信朋友交互。微信中建了微信群，群友可以在微信群上发文字、发图片、传视频、传录音语音。群中的朋友，只要打开该群，皆可见、可闻。

## 5.7 微信的文字通信

不太急的信息可用文字传输。打开微信，找到要传递信息的朋友，点击下面的文字输入框，则打开"输入法"框（如要改变输入法，可点击上面的输入法字标，打开输入选择框，选择自己熟悉的"输入法"），输入文字后（图5-7-1），点击"发送"按钮，输入的文字就发给朋友了（图5-7-2）。

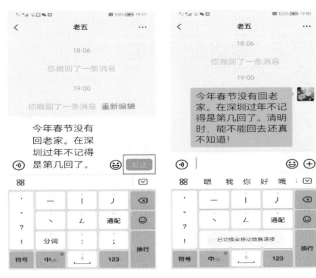

图5-7-1　输入文字内容　　图5-7-2　发送出文字内容

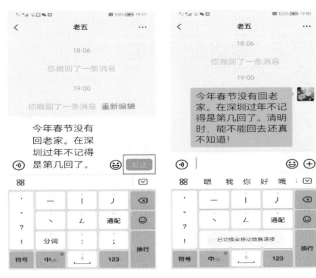

## 5.8　微信发出信息的撤回、删除、@朋友、转发、引用

　　信息发送出去后，如果有误，两分钟之内可撤回。点击发出去的信息，在弹出的快捷菜单中点击"撤回"选项，则发送的信息撤回（图5-8-1），对方也就看不到了，但在自己微信和对方微信的页面上都会显示"你撤回了一条消息"提示（图5-8-2）。

　　超过两分钟后，再点击发出的信息，弹出的快捷菜单中已不见"撤回"选项，但有"删除"选项（图

5-8-3），如点击"删除"按钮，则自己手机微信中可删除信息，而对方手机微信中无法删除。

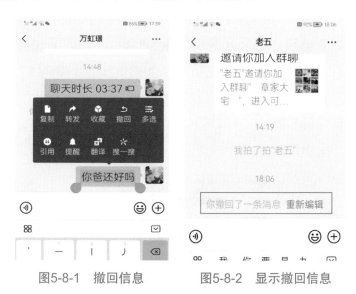

　　图5-8-1　撤回信息　　　　　图5-8-2　显示撤回信息

图5-8-3　快捷菜单中有"删除"选项

　　向微信群中发送出的信息，群中的朋友都能看到。如果要向群中个别朋友发声，可先给朋友"打招呼"，可在群聊天中，点击该朋友名片头像，则输入框中先出现"@×××"（图5-8-4），输入要说的内容后，点击"发送"按钮，则发到微信群中（图5-8-5）。被"打招呼"的朋友，在群中会收到"有人@我"的提醒（图5-8-6）。当然其他的朋友也可看到。如要撤回，同上所述。

图5-8-4　给群中朋友打招呼

　　接收到的信息或是发出的信息，要再转发给其他朋友，可稍用力点击信息，在弹出的快捷菜单（图5-8-3）中会出现"转发"选项，点击"转发"选项，

图5-8-5 打招呼内容待发出　　图5-8-6 被打招呼者收到提醒

则打开微信页面，选择接收对象，有单选（图5-8-7）和多选（图5-8-8）两种模式。多选最多可选9个对象。在快捷菜单中，还有"多选"选项，可以转发多条信息（图5-8-9）。点击了"多选"选项后，点击的本条信息会选上，同时还有待选择的其他信息前出现○，勾选即可（图5-8-10）。选好后，点击左下角的向上箭头按钮（图5-8-10），在弹出的快捷菜单中提供了"逐条转发""合并转发"选项供选择（图5-8-11）。选择一种转发方式后，会打开"单选""多选"页面，把微信朋友和微信群尽数列出，可多选或单选朋友后发出。

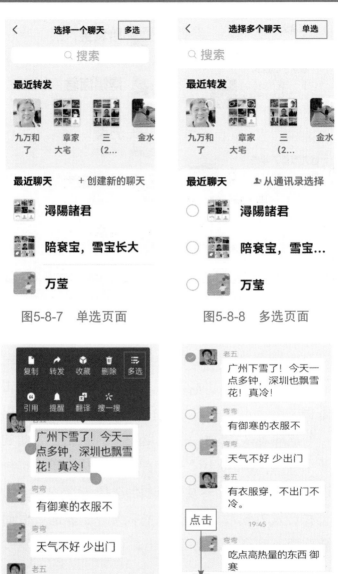

图5-8-7　单选页面　　　图5-8-8　多选页面

图5-8-9　点击"多选"选项　　　图5-8-10　多选发送

图5-8-11　选择转发方式

在微信群中，要针对朋友中的某条信息发表看法，可"引用"该朋友的信息。在输入框把待发的文字输好后（图5-8-12），找到朋友发的信息并点击，在弹出的"快捷菜单"中选择"引用"，则该信息出现在待发的信息下方（图5-8-13），发送出去后，信息的下方也会显示（图5-8-14），群中朋友看到，就会明白，也不会引起误会。

微信给通信带来了极大方便。但任何事物都有利有弊，微信上的信息良莠难辨，一些不法之徒利用微信传播快的特点，散播假信息和谣言。微信用户要擦亮眼睛，不随意转发无法核实的信息，不信谣，不传谣，遵纪守法，不编造敏感不实之词到微信上发布。

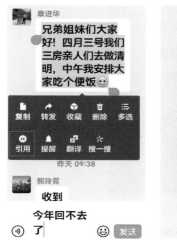

图5-8-12　点击引用的信息

图5-8-13　引用好信息

图5-8-14　和引用的信息一道发出

## 5.9 微信的录音语音通信

　　微信的语音通信功能非常方便，要向微信中的朋友或群中发话，打开聊天界面，再点击下端左边的"开始录音键"（图5-9-1），则下端输入框中出现"按住说话"的方形录音键（图5-9-2），按住该键，同时发声说话或唱歌，结束后松开手指，发送方录的音会发送给微信朋友或是发到群中（图5-9-3），微信朋友点击录音条，就可听到录制的内容（图5-9-4）。

　　如要取消录音，可按住"方形录音键"并上滑，则会出现图5-9-5所示画面。松开手指，则录音发送取消。

　　录音发送给对方后，在对方的录音条边上有"转文字"提示按钮（图5-9-6），点击该提示按钮，则把录音转为文字显示在录音条下面（图5-9-7），要把录音正确地转为文字，录音的普通话要比较标准，如果方言口音太重则容易出错。

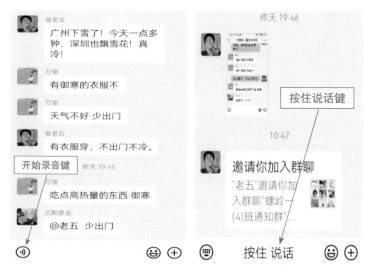

图5-9-1　点击"开始录音键"　图5-9-2　按住"按住说话"键录音

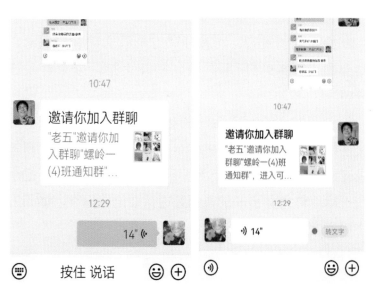

图5-9-3　发送方页面上的录音　图5-9-4　接收方页面上录音条

图5-9-5 取消录音发送的画面

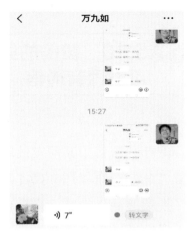

图5-9-6 接收方的语音条

图5-9-7 录音转为文字

这种录音发送的通信方式比文字输入来得快，录音可较长时间在双方的微信中保留，对方不用即时回复，不是十分紧迫的信息，可采用这种通信方式。

## 5.10　微信的即时语音通信、可视语音通信

　　打开微信中某朋友的聊天页面，在页面右下端点击"⊕"按钮（图5-10-1），在打开的页面中，点击"视频通话"选项（图5-10-2），将在页面下端出现"视频通话""语音通话"两个选项（图5-10-3），点击"语音通话"选项，将打开呼叫页面，呼叫朋友（图5-10-4）。

图5-10-1　点击右下⊕按钮

图5-10-2　点击"视频通话"

图5-10-3　选择语音通话　　　图5-10-4　呼叫朋友

　　和微信群中的朋友进行语音通话，也是点击右下端的"⊕"按钮，打开如图5-10-5所示页面，点击"语音通话"选项，则打开选择成员页面（图5-10-6），从列出的所有的群成员中挑选，此时可以看到发起语音通话的人"九如"后面的方框已被勾选。勾选的对象可以是自己微信的朋友，也可以不是和自己有微信关系的朋友。可以挑选单个成员（图5-10-7），也可以挑选多个成员（图5-10-8）。点击右上角"开始"按钮进行呼叫（图5-10-9），在得到应答后，可即时语音通话，如果再点击"打开摄像头"选项（图5-10-9），就能同时进行可视语音通话。如图5-10-10所示为单个成员语音可视通话，如图5-10-11所示为多成员语音可视通话。

图5-10-5　选择"语音通话"选项　　图5-10-6　挑选群中成员

图5-10-7　挑选单个成员　　　　图5-10-8　挑选多个成员

图5-10-9 呼叫多成员中　　　　图5-10-10 单个成员语音

可视通话

图5-10-11 多成员语音可视通话

## 5.11　微信视频通话

在图5-10-3所示的语音通话方式选项中点击"视频通话"选项，对方应答后，通信就更简单了，视频清晰可见，语音清楚可辨。呈现的画面与语音通话并打开摄像头的画面不同（图5-11-1）。

图5-11-1　与朋友视频通话

**思考题**

8. 微信群中，发声给多个成员打招呼，如何操作？

 15:50

 第6章

 支付宝和余额宝

## 6.1 诞生于淘宝购物的支付宝

阿里巴巴公司推行网上购物，搭建了一个付款的中间平台，购物者付款后，款先付到支付宝平台上，待收到货物满意后，再划给网商。

经过这些年的发展，"支付宝"成了支付宝（中国）网络技术有限公司国内第三方支付平台，致力于提供"简单、安全、快速"的支付解决方案。自2014年开始成为当前全球最大的移动支付厂商。

支付宝与国内外180多家银行以及VISA、MasterCard等机构建立了战略合作关系，成为金融机构在电子支付领域最为信任的合作伙伴。

## 6.2 支付宝注册、登录

在支付宝应用下载安装后，要先注册才能成为支付宝用户。新支付宝用户要用手机号注册（图6-2-1），注册过程中询问是否"允许'支付宝'获取并使用本机手机号"完成注册（图6-2-2）。要认真看页面提示，是否要验证码等，支付宝会自动发6位数的验证码到注册的手机上，以确认手机号确实是该注册用户所有（图6-2-3）。

　　已经注册过支付宝的老用户，在更换手机后，也要在安装支付宝后，点击"登录"按钮并输入自己账号，一般是用自己原来注册的手机号登录（图6-2-4）。

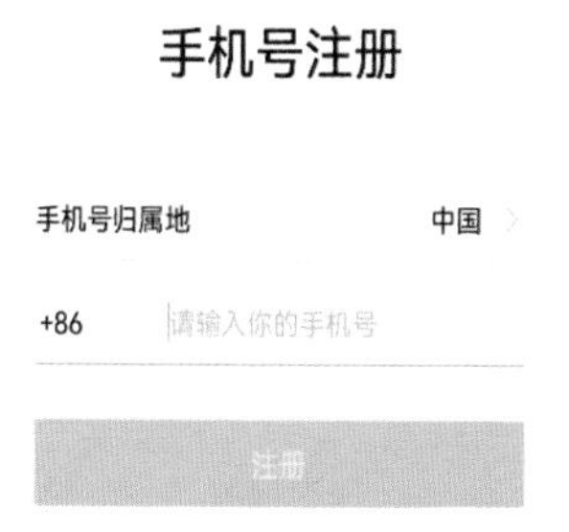

图6-2-1　手机号注册

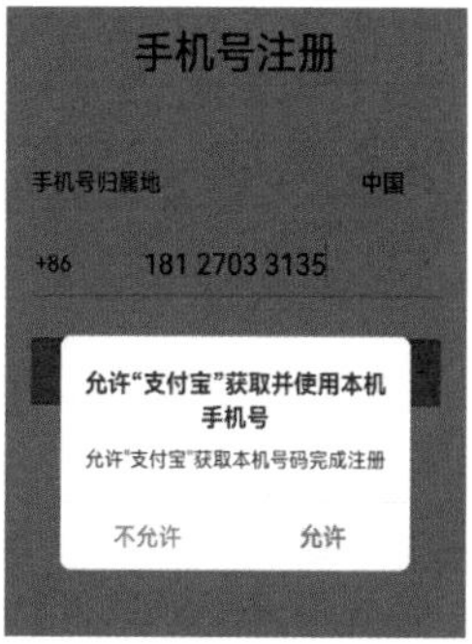

图6-2-2　允许注册

图6-2-3　填入验证码

图6-2-4　老用户登录

　　登录过程中，如果要输入登录密码，而密码又不记得了，也可以用手机获取验证码的方式来登录（图

6-2-3），支付宝会发送6个数字的验证码到手机上，并在屏幕上显示，输入到验证码框后，就可打开支付宝。

## 6.3 设置支付宝支付密码

在支付宝首页（图6-3-1）点击下端"我的"选项，打开"我的"支付宝窗口，点击右上角的梅花按钮（图6-3-2），打开"设置"页面（图6-3-3），点击"账号与安全"选项，在打开的页面中，点击"支付密码"选项（图6-3-4），进行设置。用手机号注册后，首先就要进行"支付密码"设置（图6-3-5），在设置支付密码时要设置两次（图6-3-6），两次输入密码要一样。如果输入的不一样，则无法进行下去。

图6-3-1 支付宝首页

图6-3-2 "我的"支付宝

‹ 设置

账号与安全 ›

支付设置 ›

长辈模式　　　　　未开启 ›

新消息通知 ›

功能管理 ›

皮肤中心 ›

图6-3-3　"设置"页面

‹ 账号与安全

实名认证　　　万九如 已认证 ›

手机号　　　　137\*\*\*\*\*36 ›

邮箱　　　　　wan\*\*\*@gmail.com ›

淘宝账号　　　wan▮▮▮▮91 ›

支付宝青少年账号
添加/管理你孩子的支付宝账号 ›

支付密码 ›

登录设置
设置登录密码、登录保护 ›

图6-3-4　支付密码设置

请为账号 181\*\*\*\*\*35
**设置6位数字支付密码**

| • | • | | | | |
|---|---|---|---|---|---|

支付密码不能是重复、连续的数字。

| 1 | 2 | 3 | |
| 4 | 5 | 6 | |
| 7 | 8 | 9 | |
| x | 0 | . | 完成 |

图6-3-5　输入支付密码

**请再次输入**

| • | • | • | • | | |
|---|---|---|---|---|---|

| 1 | 2 | 3 | |
| 4 | 5 | 6 | |
| 7 | 8 | 9 | |
| x | 0 | . | 完成 |

图6-3-6　输入再次支付密码

　　支付密码如果忘记了，或是要进行修改，也是在"账号与安全"的"支付密码"中进行修改或重新设置。在本章的6.8节"支付宝的支付安全设置"中再来讲解。

## 6.4 支付宝绑定银行卡

支付宝支付需要绑定银行卡。打开支付宝，点击右下角"我的"选项，打开"我的"支付宝页面，再点击"银行卡"选项（图6-3-2），打开"我的银行卡"页面，点击"添加银行卡"按钮（图6-4-1），打开"添加银行卡"页面，输入银行卡卡号（图6-4-2），支付宝应用能自动辨别是哪家银行的什么类型的卡，在打开的页面中，把留在银行的手机号填上，点击"同意协议并绑卡"按钮（图6-4-3），把收到的验证码填入（图6-4-4），银行卡就添加成功了（图6-4-5）。再回到图6-3-2的页面，点击"银行卡"选项，就看到九江银行卡被绑定（图6-4-6）。

图6-4-1　添加银行卡

图6-4-2　输入卡号

图6-4-3 填写手机号 图6-4-4 填写验证码

图6-4-5 银行卡添加成功 图6-4-6 九江银行卡被绑定

要继续绑定别的银行卡，可点击图6-4-6右上角的"+"按钮，则会打开图6-4-2所示的页面，继续同样操作，又能绑定新的银行卡。这些操作中有一个关键，就是自己的手机号要留在开户银行自己账号的信息内，如果原来银行卡上的信息没有自己正在使用的手机号，就要带身份证到银行窗口，要求工作人员把手机号留在银行卡信息上；否则微信、支付宝的验证方式就无法操作。

## 6.5　支付宝的支付、收费

　　支付宝的支付、收费操作和微信一样，其界面在支付宝首页，更直观。支付宝首页上面有四个按钮："扫一扫""收付款""出行""卡包"。消费支出可用支付宝的余额宝或用绑定的银行卡。

　　（1）如果是在商场或超市购物，可点击"收付款"选项，打开向商家付钱的"付款码"，给收银员扫描即可；切记"付款码"不可随意泄漏，还要防止背后有人用专门设备偷偷扫描手机的付款码。

　　（2）如果是在小商铺付钱，可点击"扫一扫"选项，扫描商家提供的二维码，扫描后，输入付款金额，点击"确认付款"按钮即可。

　　（3）收钱就是付钱的逆过程，点击"收付款"选项，打开自己的"二维码"给付款者扫描，由付款者输入付款金额即可。

## 6.6　支付宝中"余额宝"的理财功能

　　支付宝首页有"余额宝"图标。点击此图标（图

6-6-1），可知道在"余额宝"中有多少金额，还可反映"余额宝"所购基金理财昨天的收益是多少。点击"转入"按钮还可从绑定的银行卡中划拨进"余额宝"，点击"转出"按钮，又可从"余额宝"划拨金额到绑定的银行卡中。

图6-6-1 余额宝理财

"余额宝"好比银行活期存折，而且功能更强，存折只能存款和取款，"余额宝"不仅能存、取款，还能理财和直接消费，基金理财的利率收益第二天就会显示。初用支付宝的用户要知道，转入的金额要第三天才显示收益，周末、节假日时间都要计算在外。

## 🎧 6.7　支付宝的应用服务

　　支付宝的应用服务、项目非常多，给生活提供了极大方便，首页就有13项应用（图6-7-1）。点击"更多"选项打开页面，有"便民生活""购物娱乐""财富管理""教育公益"四大项应用服务（图6-7-2），其囊括了首页上的13项应用。

图6-7-1　首页应用服务　　　　图6-7-2　应用中心

　　本例讲解应用服务的转账和生活缴费。其他应用服务，可根据需要选择进一步学习。

　　（1）转账。商业往来、朋友之间的转账，无须到银行，在支付宝上就能完成。打开"转账"页面（图6-7-3），可以转款到支付宝或银行卡上。

　　转到支付宝账户。打开支付宝，在"转到支付宝账户"页面中输入朋友的支付宝账户或手机号后，输入转账金额，点击"转账"按钮，在跳出的页面中点击"确认付款"按钮后（图6-7-4），还要输入支付密码，转账才能成功。转账的金额一般都是转到对方支付宝的余额中。

图6-7-3　"转账"页面　　图6-7-4　支付宝转账

　　转到银行卡。知道收款方的银行卡账号，可从自己的银行卡直接转账到对方的银行卡。

　　点击图6-7-3的"转到银行卡"选项，打开转账页面，输入对方姓名、卡号、转账金额，输入无误后，点击"确定"按钮（图6-7-5），打开"确认转账信息"页面，点击"确认付款"按钮后（图6-7-6），输入支付密码，则转账成功。

　　转账方式，可以根据收账方的条件自行选择。

图6-7-5  转账到银行卡    图6-7-6   确认转账信息

（2）生活缴费。支付宝的"便民生活"服务中，生活缴费项目给日常起居提供了方便。点击图6-7-2"应用中心"中的"生活缴费"项目，打开"生活缴费"页面（图6-7-7），居住地城市可缴的费用一目了然。如点击"燃气费"选项（图6-7-8），显示不欠费。

图6-7-7   "生活缴费"页面    图6-7-8   缴纳燃气费

　　如果到客居地，也要缴纳生活费用，可点击"新增缴费"项目（定位可显示在哪个城市），找到客居地城市的缴费项目（图6-7-9）。还是以燃气费为例，获取缴费单位后，再输入户号，就可进行缴费（图6-7-10）。

图6-7-9　新增城市缴费　　　　　图6-7-10　新增燃气费缴费

 ## 6.8　支付宝的支付安全设置

　　（1）支付密码的修改或失忆。

　　如果要修改或是不记得支付宝的支付密码，可以进行修改或重新设置。

在支付宝首页，点击右下角"我的"选项，打开"我的"页面。在右上角点击梅花形按钮，打开"设置"页面，点击"账号与安全"选项，点击"支付密码"选项（图6-3-1~图6-3-4），打开"修改支付密码"页面，页面提示当前使用的支付密码有两个选项："记得""不记得"（图6-8-1）。

如果记得，就点击页面中的"记得"按钮（要对原支付密码进行修改），会打开原密码输入页面（图6-8-2）。把记得的原支付密码输入后，打开重新设置密码的页面（图6-8-3），输入新的支付密码，要输入两遍，以便确认（图6-8-4）。原密码不能再用。

图6-8-1　选择"记得"　　图6-8-2　输入原密码

如果不记得，就点击页面中的"不记得"按钮，打开"身份验证"页面（图6-8-5），使用刷脸方式验证身份最好（容易通过）。点击"开始刷脸验证"按钮（图6-8-6），刷脸通过后，就进行新密码的输入，输两遍就可以了。或者用其他方式来验证，例如用"短信验证码+证件号后6位"的方式来验证（图6-8-7）。在打开的页面中，把收到的验证码输入后（图6-8-8），再输入证件（身份证）后面的6位数，就打开重设新支付密码的页面，输入两遍即完成。

图6-8-3　输入新密码　　图6-8-4　再次输入新密码

图6-8-5　身份验证　　图6-8-6　刷脸验证

〈 ✕ **修改支付密码**　　　　　　　〈 ✕ **修改支付密码**

选一个验证方式

刷脸　　　　　　　　　　　　〉

短信验证码+证件号后6位　　　　〉

短信验证码+与您有关的问题　　　〉

短信验证码+银行卡信息　　　　　〉

### 输入短信验证码

我们已发送短信验证码到你的手机号

**137******36**

20秒后重发

图6-8-7　选择验证方式　　　　图6-8-8　输入收到的验证码

（2）登录设置。

在"账号与安全"页面中有"登录设置""解锁设置""生物识别"三个选项（图6-8-9）。建议用"生物识别"中的"指纹"来解锁比较好（每个人的指纹都不会相同）。点击"生物识别"选项，打开"生物识别"页面（图6-8-10），选择"指纹"选项，有两个选项："指纹解锁""指纹支付"（图6-8-11）。选择"指纹解锁"选项。打开指纹/手势解锁页面（图6-8-12），选择"启动支付宝时"选项，把"指纹"后面的长条键点击到显蓝的位置即可。以后要打开支付宝，就可以用指纹来解锁（图6-8-13）。

〈 账号与安全

实名认证 万九如 [已认证] >

手机号 137******36 >

邮箱 wan***@gmail.com >

淘宝账号 wan■■■■91 >

支付宝青少年账号
添加/管理你孩子的支付宝账号 >

支付密码 >

登录设置
设置登录密码、登录保护 >

解锁设置
设置指纹/手势解锁来保护隐私信息 >

生物识别
刷脸、指纹、声音锁 >

图6-8-9 "账号与安全"页面

〈 生物识别

刷脸设置 >

指纹 >

声音锁 未开启 >

图6-8-10 "生物识别"页面

〈 指纹

指纹解锁 >

指纹支付 >

图6-8-11 "指纹"选项

请选择需要解锁的页面

○ 无偶保护 　● 启动支付宝时 　○ 自定义

离开5分钟后再进入，需要使用指纹/手势解锁

设置解锁方式

指纹
指纹仅对本机有效

手势密码

图6-8-12 指纹手势解锁页面

**点击进行指纹解锁**

图6-8-13 打开支付宝要指纹解锁

 **思考题**

9. 支付宝"解锁手势"忘记了，怎么办？

第7章

网上购物

## 7.1 "手机淘宝"的安装注册

"淘宝网"是在个人电脑上开发出来的网购应用程序，在智能手机上就是"手机淘宝"。在电脑的"淘宝网"上注册了的用户，在"手机淘宝"上就无须再注册。

没有在电脑"淘宝网"注册的用户，在手机上安装了"手机淘宝"后，要用手机号获取验证码的方式登录，或是用支付宝账号登录。

## 7.2 "手机淘宝"购物的流程

网上购物，点击"手机淘宝"图标，打开手机淘宝首页，可在搜索框中搜索内容。

以购买食用的"龟苓膏"为例。在打开的手机淘宝首页中点击搜索框（图7-2-1），则打开搜索页，输入"龟苓膏"，点击"搜索"按钮（图7-2-2），就打开了各商户的商品（图7-2-3）。选择一款（图7-2-4）找客服咨询，打开交互页面进行咨询、还价（图7-2-5）。如果选中该款，可请"客服"把该商品的链接发过来，打开链接后，再点击"立即支付"按钮（图7-2-6），提交订单时，要注意自己的收货地址，淘宝网页上有个默认的收货地址，购物时，都会把这个收货地址优先发给网商，如果要改变收货地址，或是要发给亲友的网购，就要把收货地址重新选择一下，或添加新地址。

图7-2-1　淘宝首页　　　　图7-2-2　搜索页面

"付款"页面打开后，点击"确认交易"按钮（图7-2-7），卖家会把订单信息页面发过来（图7-2-8），由客户确认或修改。购货款从"余额宝"或绑定的银行卡中支付，先付款到淘宝搭建的支付宝平台上，待客户收到货并验收无误后，客户点击"确认收货"按钮，款才会从支付宝平台付给网商。如果客户收到货，不点击"确认收货"按钮，七天后款也会自动支付给网商。

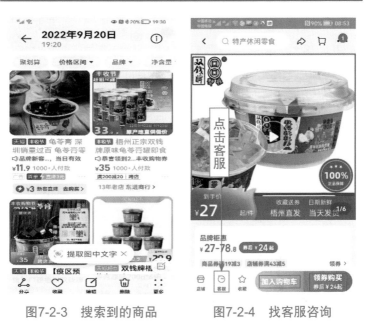

图7-2-3　搜索到的商品

图7-2-4　找客服咨询

图7-2-5　和客服互动

图7-2-6　提交订单

…

图7-2-7　确认交易　　　图7-2-8　订单信息页面

　　选中了的商品，准备购买，却还在考虑之中，可以先点击"加入购物车"按钮（图7-2-4），考虑好后再购买。只要打开"购物车"，就可看到选中的商品。

## 7.3　查看物流、收货

　　在"手机淘宝"上购物后可查看物流。点击"我的淘宝"上的"待收货"选项（图7-3-1），打开"我的订单"页面，再点击所购货下的"查看物流"按钮（图7-3-2），可以看买的货运到哪里了（图7-3-3）。到的货一般都会放在"丰巢""速递易""e栈快递柜"或专门的收纳点，通过微信或短信通知客户（收货地址留有手机号码）。

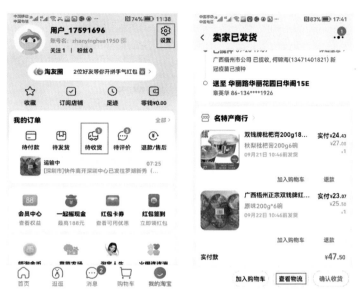

图7-3-1　点击"待收货"选项　图7-3-2　点击"查看物流"按钮

图7-3-3　查看物流

## 7.4　退货、退款

在淘宝购物可以退货、退款。退款有两种情形，一是拍下所购之物后，商家还没有发货，不想要了，可申请退款；二是货到后不满意，可申请退货退款，这种情况就要购货者先把货退回原处，待货主收到货后，再行退款。

订单详情页面中有一个"退款"按钮（见图7-4-1），要退款、退货，可以和客服联系和交涉。如果点了购买后又后悔了，可以打开"待发货"页面，点击"退款"，则货款能极速退回（图7-4-2）。

图7-4-1　退款，退货

图7-4-2　极速退款到账

## 7.5 收货地址的设置

在图7-3-1"我的淘宝"页面中，右上角有"设置"按钮，点击该按钮就打开了"设置"页面（图7-5-1），点击"我的收货地址"选项，打开"我的收货地址"页面（图7-5-2），点击下方"添加收货地址"按钮，进行收货地址设置（图7-5-3），"收货地址"添加后，点击"保存"按钮，就在手机淘宝页面中保存了。

收货地址可根据需要添加，如把亲朋好友的地址添加后保存，给亲朋购物，直接快递到亲朋家中就非常方便了。

图7-5-1 "设置"页面　图7-5-2 "我的收货地址"页面

图7-5-3 收货地址设置

## 7.6 其他网购的APP

　　因智能手机的发展，网购的APP新增不少，比较热门的有京东、天猫、拼多多等，在桌面建一个网购文件夹，把一些网购APP集中在一起，操作起来就方便很多（图7-6-1）。这些网购平台各有特色，大多都是B2C模式。

　　电子商务B2C指的是商对客的一种模式，就是直接面向顾客出售商品，电子商务采取货到付款的方式与网上支付的方式结合，大多数企业采用物流外包方式，节约运营成本。

阿里巴巴批发货物，供商家使用，如果大批量购买，也可以在上面找货。

图7-6-1　手机桌面购物文件夹

天猫综合性购物网站，由淘宝网分离而成，属于B2C模式，整合数千家品牌商、生产商，提供商家和消费者之间的一站式解决方案。

京东B2C模式，曾经主打自营模式，在自营的基础上，渐渐转向平台模式。

唯品会主营业务为互联网在线销售品牌折扣商品，涵盖名品服饰、鞋、包、美妆、母婴、居家等各大品类。

苏宁易购是新一代B2C网上购物平台，已覆盖传统家电、3C电器、日用百货等品类。

拼多多是国内移动互联网的主流电子商务APP，是专注于C2M（客对厂）拼团购物的第三方社交电商平台，用户通过发起和朋友、家人、邻居等的拼团，可以以更低的价格拼团购买优质商品。

"淘特"也就是原来的"淘宝特价版",是阿里巴巴旗下的一个购物平台,专注于低价和二手货,价格比较实惠。采用工厂直供方式,其中降价的空间还有很多。一大优点就是商品价格非常实惠,而作为阿里巴巴旗下产品,综合来说还是比较靠谱的。

根据各网购平台的特色进行选择,在购物时,可选择性地货比三家,打开多家网站平台进行比较。

网购平台要使用时,都要登录注册,具体操作的环节大同小异,可参看淘宝购物的步骤。

## 7.7 网购的技巧与得失

各网购APP首页都有"扫一扫"选项,或是摄影按钮,在超市中,如果是朋友介绍的好商品,可以打开购物APP首页拍照或扫描,一般情况下,只要平台有该商品,就会显示该商品的图片及出售的价格。这样就为购买者提供了更多选择的机会,对于不急用的商品,多一些选择机会,还是会使消费者受益。

用淘宝举一例。

首先,把了解的商品用手机拍照,图片保存在图库(图7-7-1),再打开淘宝首页,点击摄影图标

（7-7-2），对准商品拍摄，或是如图7-7-3所示，扫描保存在图库中的图7-7-1图片。手机淘宝页面会打开可网购的同类商品（图7-7-4）。

图7-7-1　商品，国台酒

图7-7-2　淘宝首页

图7-7-3　淘宝拍照

图7-7-4　页面出现同类商品

　　网上购物，可以是不怕买不到，就怕想不到。想买的商品，在淘宝网或其他网购应用平台上搜索，会有意想不到的收获。网商开店，没有门店租金压力，没有营业员佣金负担，卖的商品比实体店更便宜。网购的好处至少有两个，一是价格便宜，二是可以买到住处市场没有的商品。有人担心网购会上当受骗，做网商总要生意兴隆，做一锤子买卖总不得长久。万一受骗，可以到平台服务台进行投诉。

　　任何事物都不是完美无缺的，网购当然有缺憾，要买的商品见不到实物，质量只能凭网商的介绍，所购商品到手有时间差，不像在实体店购买的立即就能使用。

　　网购一些农副产品，图片和实物总会有差距，做农副产品的网商，拍摄上传的图片总是挑最好的，而买来的实物差距就比较大。所以买农副产品，总要多留个心眼。

　　俗话说，没有错卖的，只有错买的；便宜无好货。专拣便宜的买，上当的机会就会多一些。

　　网购要积累经验才会扬长避短。怕上当而因噎废食，就会失去丰富自己生活的好机会。

 思考题

　　10. 为什么说手机号是第二身份证号？

第8章

使用技巧、风险防范

## 8.1　正确充电，延长手机电池寿命

手机依靠电池加载电能，保持运行，掌握正确的充电方法，能延长电池寿命。

（1）充电要用买手机时配备的充电器，不可随意找一个充电的设备使用。不充电了，要将充电器拔离电源，不可长期插在电源上。

（2）锂电池充好电后会自动切断充电电源，能避免过负荷充电，不用担心过充造成手机电池的损害。

（3）关机时充电速度最快。插在电脑USB接口上充电比用充电器插在电源上充得慢。

（4）充电不一定要到即将无电时再充，平时可经常性地少量充电，也不一定要充满，这样可延长电池的寿命。

（5）手机上的充电接口要注意清理，不要钻进了灰尘，影响充电。

（6）要经常把手机电量耗尽，关机状态中再进行充满电量，进行充电循环。

（7）手机设置的休眠时间不要太长，时间长反而耗电快。

手机有超级省电模式，打算待机时间延长，可打开超级省电模式。打开"设置"页面，点击"电池"

选项（图8-1-1），打开"电池"页面（图8-1-2），点击"超级省电"选项，弹出"超级省电"对话框（图8-1-3），点击"开启"按钮，则手机进入超级省电模式，此时手机主页面上最多只有6个应用，可点击运行，这6个应用可更换（图8-1-4）。

图8-1-1 "设置"页面　　图8-1-2 "电池"页面

图8-1-3 开启超级省电模式　图8-1-4 超级省电模式手机页面

## 8.2 "手机管家"经常打开，查查病毒、清清垃圾

华为手机绑定一个"手机管家"应用（图8-2-1），其他品牌手机也应该有类似的手机保护软件。如果没有，可下载一个腾讯公司的"手机管家"应用（图8-2-2），经常查杀病毒、清除垃圾（图8-2-3)，显示查出手机危险文件。

图8-2-1 华为"手机管家"应用　　图8-2-2 腾讯"手机管家"
应用

图8-2-3　查出危险

## 8.3　学会截长图，会发送截图

　　手机有截图功能，就是把手机页面显示的画面以图片的形式保存下来，截图的图片都保存在手机"图库"中，可打开查看。

　　截图的操作有三种方式，一是同时按住手机右侧的音量减小按钮"-"和开关按钮，就能把正显示的屏幕图截取下来；二是用手指关节在屏幕上连敲两下；三是拉开控制中心，出现下拉菜单（图8-3-1），在其中点击"截屏"选项，也能把出现下拉菜单之前的屏幕画面截取下来（图8-3-2）。

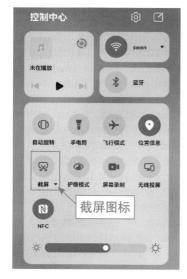

图8-3-1 控制中心图

图8-3-2 手机锁屏截图

有的页面显示比较长，可以用截取长图的方式把长页面截取下来。截图时，截取的页码小图在页面左下角显示。打算截取长图时，趁左下角小截图还未消失，双击该小图，桌面显示所截之图，并在页面右下显示"滚动截屏"图标（图8-3-3）。此图标则为所截之图，向上滚动（图8-3-4），点击滚动区域可完成截屏。

手机有摄影、摄像功能，拍摄了照片及录像后，都会保存在"图库"中，截图也会保存在"图库"的"截屏录屏"目录中（图8-3-5）。

利用交互程序（微信、QQ、网购聊天）发送图片非常容易，点击交互窗口右下的"+"按钮，就可打开图库（相册）选择图片发送。

军情参谋室
[我是参谋长]俄乌冲突20日——盘点俄军的精确制导弹药
笔形
颜色
粗细
分享
涂鸦
马赛克
橡皮擦
滚动截屏

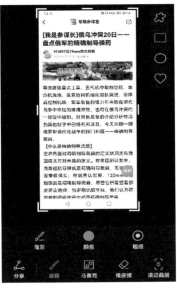

图8-3-3　准备滚动截屏

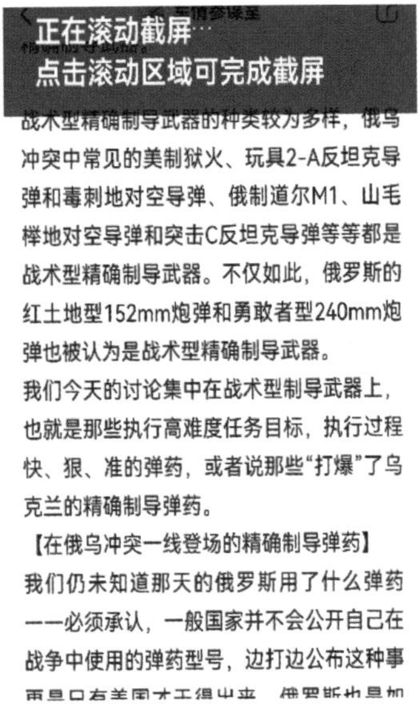

正在滚动截屏…
点击滚动区域可完成截屏
战术型精确制导武器的种类较为多样，俄乌冲突中常见的美制狱火、玩具2-A反坦克导弹和毒刺地对空导弹、俄制道尔M1、山毛榉地对空导弹和突击C反坦克导弹等等都是战术型精确制导武器。不仅如此，俄罗斯的红土地型152mm炮弹和勇敢者型240mm炮弹也被认为是战术型精确制导武器。
我们今天的讨论集中在战术型制导武器上，也就是那些执行高难度任务目标，执行过程快、狠、准的弹药，或者说那些“打爆”了乌克兰的精确制导弹药。
【在俄乌冲突一线登场的精确制导弹药】
我们仍未知道那天的俄罗斯用了什么弹药——必须承认，一般国家并不会公开自己在战争中使用的弹药型号，边打边公布这种事

图8-3-4　屏幕滚动之中

相册
试试搜索“看书”
截屏录屏
830
我的收藏
6
拼图
1
新建相...
339

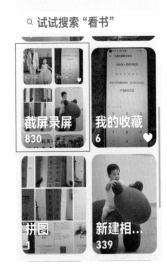

图8-3-5　图库保存截图目录

## 8.4 把自己加为微信朋友

把自己加为微信朋友，点击微信联系人右上角"⊕"按钮，在下拉菜单中点击"添加朋友"选项（图8-4-1），在搜索框中输入手机号，点击搜索图标（图8-4-2）。如图8-4-3所示，点击"发消息"按钮，在文字输入框中给自己发消息，输入"你好，还没有睡？"并发送出去（图8-4-4），再回到微信联系人页面，可以看到自己已被加入到自己微信联系人中了（图8-4-5）。

图8-4-1 添加朋友

图8-4-2 搜索自己为朋友

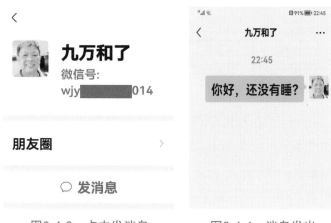

图8-4-3　点击发消息　　　　图8-4-4　消息发出

图8-4-5　加入到微信联系人中

　　把自己添加到自己微信联系人中，给很多操作提供了方便，例如，有些文章要从电脑发到微信上来，转为笔记的形式。就可先把文章粘贴到自己的微信上，再转为笔记的形式发给其他联系人，就不会打扰微信中其他联系人。手机上有些图片要发到电脑上，先发到自己的微信上，再利用"微信电脑版"就可粘贴到电脑上。反之，电脑中保存的照片，要发到手机"图库"中，也可以利用"微信电脑版"把图片复制、粘贴到自己的微信中，然后点击图片打开，再点击"保存"按钮，就会在手机"图库"中保存。

## 8.5 运行"微信电脑版"

　　微信是基于智能手机平台开发的交互应用程序，随后又有了"微信电脑版"，在电脑上下载安装"微信电脑版"能扩展微信的功能。"微信电脑版"下载安装后，第一次运行时要用手机扫描电脑上打开的二维码（图8-5-1），以后再次登录会在电脑上提示"请在手机上确认登录"信息（图8-5-2），手机上会打开如图8-5-3所示的画面，点击"登录"按钮后，"微信电脑版"才能打开（图8-5-4）。打开"微信电脑版"能把电脑中的一些文件传到微信上。例如，电脑里有些照片要传到微信上，就可以利用"微信电脑版"把照片复制，然后再粘贴到"微信电脑版"的微信上，再保存到手机的"图库"中。反之，手机中的照片要传到电脑上，利用"微信电脑版"操作也很方便。

九如

请在手机上确认登录

请使用微信扫一扫以登录

切换帐号

图8-5-1　用手机微信扫描　　图8-5-2　电脑提示：请在
　　　　　　　　　　　　　　　　　　手机上确认登录

关闭

Windows 微信登录确认

☑ 登录后同步最近消息到 Windows

登录

取消登录

图8-5-3　手机上先登录

图8-5-4　微信电脑版（局部）

## 8.6 善用"搜索"技巧

搜索，是运用手机应用程序的基本技巧，在5.2节中讲到，有些人手机联系人收藏有几百位，要找某联系人时需要一条条翻看，效率太低，在搜索框中输入要找的联系人，就事半功倍。有的人微信朋友也很多，但有的朋友长期潜水，不出来发声，时间一长，就会被淹没在微信朋友中，有时想起来要跟这位朋友联系，在微信朋友中一时难以找到，这时如果用搜索的方法，就能很快找到。本例中，要找一位姓章的大姐，在微信上端，点击搜索图标（图8-6-1），打开搜索框和输入键盘（图8-6-2），在搜索框中输入"章"字，就把有"章"字姓氏的朋友都找出来了（图8-6-3），点击要找的"章大姐"，打开和章大姐聊天的微信，发消息出去（图8-6-4），这位章大姐的微信就会出现在自己微信的前端（图8-6-5）。

搜索不仅是搜索联系人，还能搜索群聊和聊天记录（图8-6-6）。聊天记录时间一长就被淹没了，如果能想起以前聊天记录中的关键字，也可以通过搜索把淹没的聊天记录找出来。

图8-6-1　点击搜索镜

图8-6-2　打开搜索框和输入键盘

图8-6-3 输入"章"字　图8-6-4 点开章大姐，发消息

图8-6-5 章大姐微信前移

图8-6-6 搜索联系人、群聊、
聊天记录

　　第7章中讲到的淘宝购物，也可以使用搜索功能在搜索框输入要购买的商品进行搜索。如图7-2-1所示的搜索老花镜就是一例。买过的商品觉得好，还要再买，也可以在"查看订单"中搜索，就能把曾经买过的商品找出来。

## 8.7　把复制、粘贴功能用活

　　复制、粘贴功能是电脑软件使用中常用的操作。在手机应用的使用中，用好、用活复制、粘贴功能，也能省时、省力，收到不错的效果。电脑或智能手机都有一个无形的剪贴板，复制时，就把复制的内容暂时存放到剪贴板上，粘贴时，就把剪贴板的内容粘贴到所要粘贴的位置，一次复制可多次粘贴，只要不关机，复制到粘贴板上的内容一直存在，再次复制，上次复制的内容就会被清除。

　　举例1：打进、打出的电话号码要建立联系人，就不需要把这个号码先抄下来，再输进联系人列表里建立。可先点按这个号码，在跳出的菜单中点击"复制号码"选项（图8-7-1），退出到桌面再打开"新建联系人"页面，点按电话号码框，然后点击"粘贴"选项（图8-7-2），复制的电话号码就粘贴上去了（图8-7-3）。

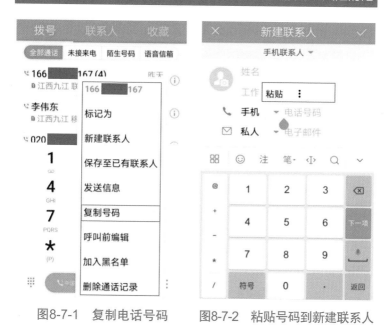

图8-7-1　复制电话号码　　　　图8-7-2　粘贴号码到新建联系人

图8-7-3　粘贴上新建联系人

在微信中，朋友发来的好信息想再转给其他朋友，用复制、粘贴的办法很方便，而且复制后可多次粘贴。

举例2：朋友发的养生饮食的好信息，点按消息，在跳出的快捷菜单中点击"复制"选项（图8-7-4），然后回到微信页面，再打开朋友的微信，在输入栏内点按，点击"粘贴"选项（图8-7-5），则复制的信息就粘贴到输入栏中了（图8-7-6），再点击"发送"按钮，信息就发给朋友了（图8-7-7）。

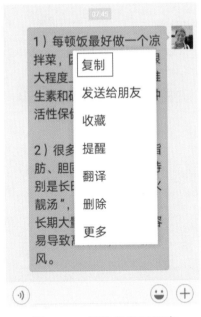

图8-7-4　好信息复制下来

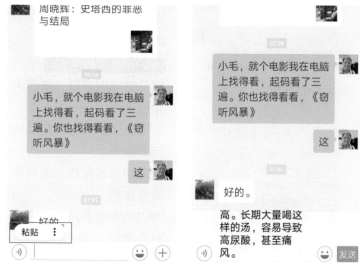

图8-7-5 点击文字输入栏 出现粘贴提示

图8-7-6 粘贴文字到输入栏

其他应用页面中的文字，也可通过复制、粘贴功能进行操作。

举例3：《古诗文网》中，看到欣赏的诗词，可复制后发给微信或微信群朋友。在《古诗文网》 找到李商隐的无题诗：

相见时难别亦难，东风无力百花残。

春蚕到死丝方尽，蜡炬成灰泪始干。

晓镜但愁云鬓改，夜吟应觉月光寒。

此去蓬山无多路，青鸟殷勤为探看。

点按页面中的文字，跳出快捷菜单（图8-7-8）。

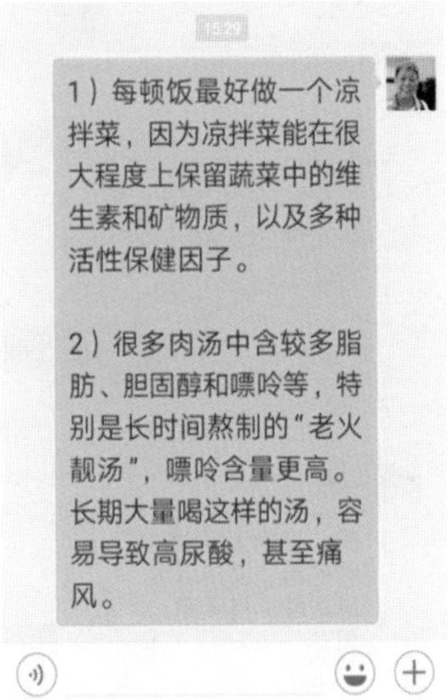

1) 每顿饭最好做一个凉拌菜，因为凉拌菜能在很大程度上保留蔬菜中的维生素和矿物质，以及多种活性保健因子。

2) 很多肉汤中含较多脂肪、胆固醇和嘌呤等，特别是长时间熬制的"老火靓汤"，嘌呤含量更高。长期大量喝这样的汤，容易导致高尿酸，甚至痛风。

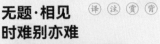

无题·相见时难别亦难 译 注 赏 背

复制　标注　全选　查找

相见时难别亦难，东风无力百花残。
春蚕到死丝方尽，蜡炬成灰泪始干。
晓镜但愁云鬓改，夜吟应觉月光寒。
蓬山此去无多路，青鸟殷勤为探看。(蓬山 一作: 蓬莱)

图8-7-7　信息发出 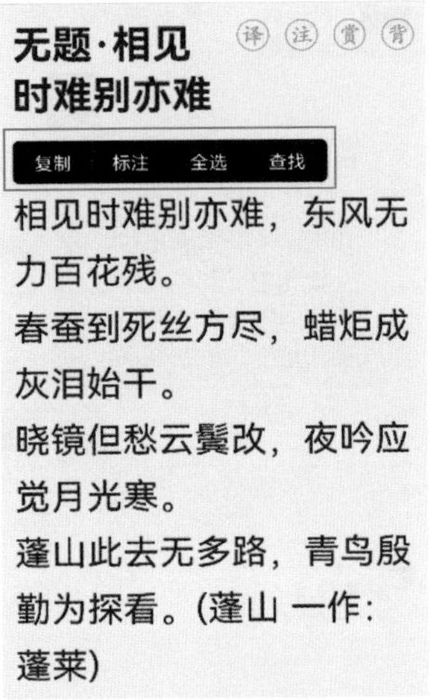　　　图8-7-8　跳出快捷菜单

在快捷菜单中点按"全选"选项后，再点按要复制的文字（图8-7-9），就把文字复制到剪贴板上去了。点开朋友的微信，在文字输入栏上点按，出现"粘贴"提示（图8-7-10），点击"粘贴"选项，该诗就粘贴到文字输入栏上了（图8-7-11），再点击"发送"按钮，"无题"诗就发送给朋友了（图8-7-12）。

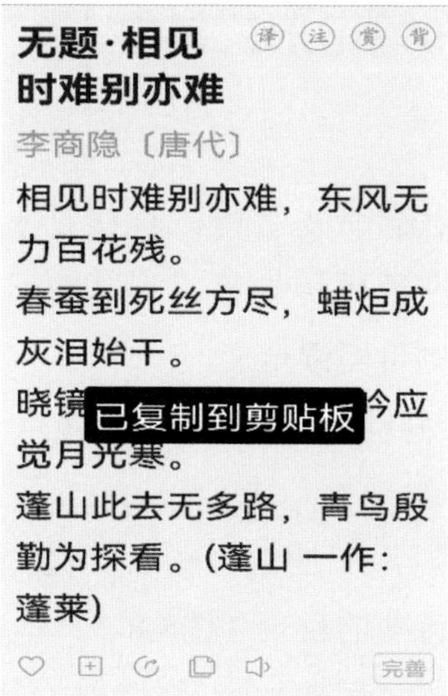

无题·相见时难别亦难 (译)(注)(赏)(背)

李商隐〔唐代〕

相见时难别亦难，东风无力百花残。
春蚕到死丝方尽，蜡炬成灰泪始干。
晓镜今应觉月光寒。
蓬山此去无多路，青鸟殷勤为探看。(蓬山 一作：蓬莱)

图8-7-9 全选后复制

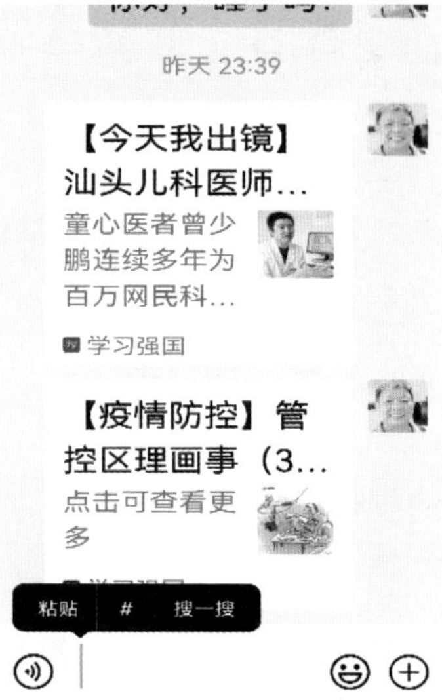

昨天 23:39

【今天我出镜】汕头儿科医师…
童心医者曾少鹏连续多年为百万网民科…
■ 学习强国

【疫情防控】管控区理画事（3…
点击可查看更多

粘贴 # 搜一搜

图8-7-10 在输入栏点击出现粘贴

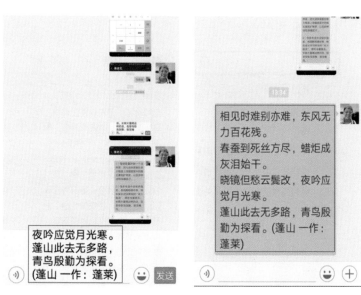

夜吟应觉月光寒。蓬山此去无多路，青鸟殷勤为探看。(蓬山 一作：蓬莱)

图8-7-11 粘贴到输入栏

相见时难别亦难，东风无力百花残。
春蚕到死丝方尽，蜡炬成灰泪始干。
晓镜但愁云鬓改，夜吟应觉月光寒。
蓬山此去无多路，青鸟殷勤为探看。(蓬山 一作：蓬莱)

图8-7-12 发送给微信朋友

## 8.8 把文章转为笔记形式转发

有的文章要发到微信中给朋友赏析，直接贴上去，所占页面太大，如果收藏后转为笔记形式再转发，则变为提纲形式，点击则可阅读全文。

以白居易的《琵琶行》为例，介绍转为"笔记"的操作。

（1）打开《古诗文网》，在搜索栏输入"琵"字，则搜索到有关"琵"字诗文的目录（图8-8-1）。

点击打开《琵琶行》全文，点击"全选"选项（图8-8-2）。全文变色后，点击"复制"选项（图8-8-3），退出《古诗文网》。

图8-8-1　在《古诗文网》　　图8-8-2　点击"全选"选项
　　　　　　搜索

（2）打开微信页面，在右下角点击"我"选项，在打开的"我"页面中点击"收藏"选项（图8-8-4），打开"我的收藏"页面（图8-8-5），点击右上角的"+"按钮，打开"笔记详情"页面（图8-8-6）。

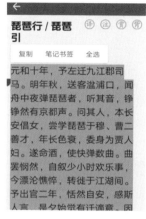

图8-8-3 全选后复制

图8-8-4 点击"收藏"选项

图8-8-5 打开"我的收藏"页面

图8-8-6 "笔记详情"页面

（3）在"笔记详情"页面空白处点按，出现"粘贴"选项并点击，则《琵琶行》被粘贴在"笔记详情"中（图8-8-7）。

（4）再回到微信"我"页面，点击"收藏"选项，则看到《琵琶行》以笔记形式收藏了（图8-8-8）。

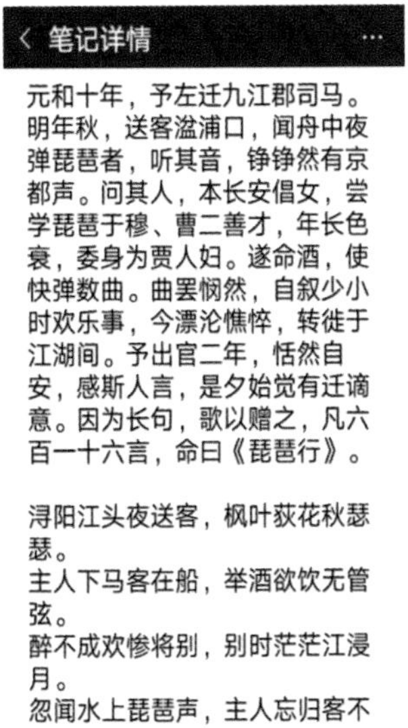

图8-8-7　将琵琶行贴上
笔记详情

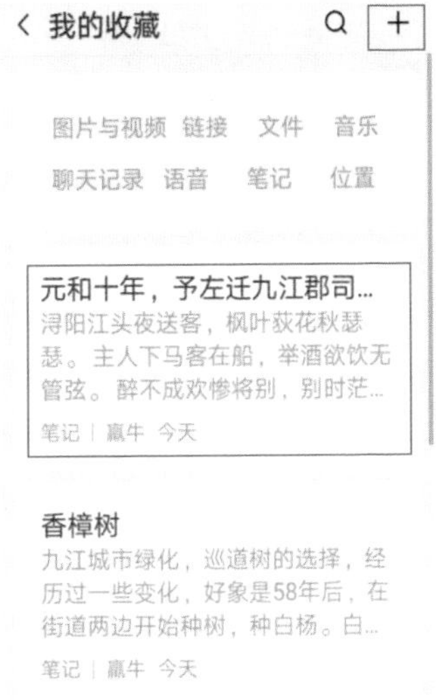

图8-8-8　"我的收藏"中，
《琵琶行》已收藏

（5）点按收藏的笔记，在跳出的快捷菜单中点击"转发"选项（图8-8-9）。

（6）选择发送的朋友（图8-8-10）。

（7）打开微信，看到朋友已接收笔记形式的《琵琶行》，点击则可阅读全文（图8-8-11和图8-8-12）。

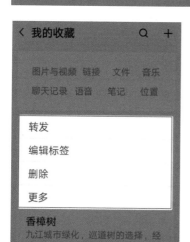

图8-8-9 转发笔记详情

图8-8-10 选择转发对象

图8-8-11 朋友接收"笔记"

图8-8-12 点击后打开看到笔记全文

## 8.9　微信中"置顶聊天"

微信中有些朋友发的信息需要时刻注意，因此有必要把这些时刻要关注的朋友微信置于微信页面的上端，即"置顶聊天"，打开微信页面，就能看到置顶朋友的信息。

打开微信，点按某朋友或聊天群的微信名片，在跳出的快捷菜单中点击"置顶该聊天"选项（图8-9-1），则该朋友的名片置于微信朋友排序的顶端（图8-9-2）。

图8-9-1　置顶该聊天　　图8-9-2　选择的朋友已置顶

置顶聊天的朋友可以有多个，都会排序在顶端。置顶聊天的朋友，也不用设置得太多，设多了就失去了意义。

置顶聊天的朋友，如果有必要取消置顶，也是可以的，点按置顶聊天朋友的名片，在跳出的快捷菜单中点击"取消置顶"选项，则该朋友的置顶被取消。

## 8.10 微信中设置"免打扰"

微信中有的群成员过多，有些成员喜欢在群里发信息，对群其他成员会有一定的干扰，设置了"免打扰"模式，对方发来了信息就悄无音信，有了新信息来，只是在微信页面上该群或成员前有个红点表示。

在微信群或微信成员页面，点击右上角三个点"···"图标打开"聊天信息"页面，朝下滑动页面，点击"消息免打扰"选项，使圆圈滑到右端，左边出现绿色则设置了"消息免打扰"模式（图8-10-1）。设置完成后，有信息来，会在微信主页面的微信群或成员图标上显示红点（图8-10-2）。

图8-10-1 消息免打扰

图8-10-2 微信成员前的红点

## 8.11　控制"通知管理"及关闭"后台运行"能减少电耗

　　手机的"设置"中有一个"应用和通知"功能（图8-11-1）。其中的"通知管理"选项（图8-11-2）。用于管理手机上面软件的消息推送（图8-11-3），控制"通知管理"，能减少手机的电耗。

　　手机有多任务同时运行功能，点击"□"按钮，能查看手机上的应用程序是否打开多了，应用程序如果没有及时关闭，也会增加电耗。要关闭可点击下面的垃圾桶图标，或选择性地把某个页面往上滑动，就关闭了该程序（图8-11-4）。

图8-11-1　打开"设置"　　图8-11-2　"通知管理"选项

图8-11-3  关闭多项通知　　图8-11-4  多任务页面

智能手机因系统不同，设置页面的选项、显示也
不同，但有些项目的管理都是有的，本书也不可能把
所有手机系统的设置都拿出来讲解，期望有不同系统
手机的中老年朋友，能耐心地在设置中找到需要的管
理项目。

## 8.12　机遇和风险并存

智能手机给交互、支付带来了方便，也带来了风
险，受骗、上当的负面新闻也屡见不鲜。

但是，不要因为有风险而失去一些好的机会，可
以做好防范。

（1）绑定了手机微信、支付宝理财平台的银行卡，账号上不要留有过多的金额。

（2）微信、支付宝的付款码，除了在商场供收银员扫描，不要展示于他人。在收银员扫描时，要留心周围是否有人在用一些专门的设备偷偷扫描。

（3）要选择可靠的理财平台，不要贪心，利率收入过高的往往会有较大风险。

（4）不认识的人，不要在QQ、微信中结识，不要接受其为朋友。

（5）无名红包不点击接收。

（6）不随便点赞，即使是亲朋发来的要求点赞的，也要慎重考虑。

（7）手机电话通信录中记录亲朋的电话实名，无名的电话不接或少接。

（8）在无密码的WiFi环境，要把WLAN关掉，尽量不要去连接。

（9）接收到的无名短信千万不要理睬，最好即刻删除。

（10）不泄露自己的有关信息。

（11）接到亲人要求给其指定的银行卡汇款的电话，要进一步核实，或许是骗子利用高科技模拟亲人的声音，设坑要用户往里面跳。

## 8.13 安装"国家反诈中心"APP，防止诈骗

国家反诈中心APP由公安部刑事侦查局组织开发，是一款能有效预防诈骗、快速举报诈骗内容的软件（图8-13-1）。中心数据存储在公安部，拥有最高级别的安全等级保护，软件里面有丰富的防诈骗知识，通过学习里面的知识可以有效避免各种网络诈骗的发生，还可以随时向平台举报各种诈骗信息，减少不必要的财产损失。

国家反诈中心研发了这款防诈骗软件，能够预警，对诈骗电话、短信、APP进行无感阻断，也可以自助查询APP真假。另外还有身份验证、报案助手等功能。功能很多，有益无害。

国家反诈中心APP开始上线时，公安部门在街头巷尾宣传，帮助群众在手机上安装。手机系统的"应用市场""应用商店""App Store""应用宝"都能下载（图8-13-2）。安装后，都要实名注册后登录（图8-13-3），能自动定位机主的地理位置（图8-13-4）。

注册时，个人的信息要如实完善填写，万一发现诈骗行为，能及时得到公安部门的帮助。

**国家反诈中心**

3.5分 1亿次下载 56.75MB

通过应用宝下载

（腾讯应用宝下载，人工审核保证安全）

⊘ 无病毒　　Ⓐⓑ 免广告骚扰

通过第三方浏览器下载

开发者：公安部刑侦局

版本：1.1.25

图8-13-1　国家反诈中心　　　图8-13-2　国家反诈中心下载提示

浔阳区 ▾

**注册账号**

+86 请输入手机号　　　　获取验证码

请输入验证码

请设置登录密码

○ 登录密码长度为6-16位，不能是纯数字、字母或汉字

○ 注册即同意《服务协议》和《隐私政策》

确定

已有账号？直接登录

**请选择您的常驻地区**

选择常驻地区，以便接收对应地区的反诈知识和服务

📍 龙岗区　　　　　◈ 重新定位

| 省 | 市 | 区 |
|---|---|---|
| | | |
| | | |
| | | |
| **广东省** | **深圳市** | **龙岗区** |
| | | |
| | | |
| | | |

图8-13-3　实名注册账号　　　图8-13-4　自动定位手机位置

　　"国家反诈中心"APP的功能有"我要举报""报案助手""来电预警"和"身份核实"（图8-13-5）。打开"身份核实"页面，要发送核实

请求（图8-13-6）。"来电预警"功能要开启（图8-13-7）。

图8-13-5 反诈中心功能页　　图8-13-6 发送核实请求

图8-13-7 开启"来电预警"功能

一个朋友收到境外电话两条（马来西亚，日本），并收到要求加对方QQ号的短信，广东反诈中心立即电话（图8-13-8）和短信告之。境外电话、短信最好不予理睬，小心被诈骗（图8-13-9~图8-13-11）。

图8-13-8　电话记录　　图8-13-9　反诈短信1

图8-13-10　反诈短信2　　图8-13-11　反诈短信3

**思考题**

11. 智能手机和电脑如何互传文件？

思考题参考答案

## 1. 运行内存4GB，存储64GB，这些数字后面的"GB"是什么意思？

电脑中的文件大小，要有个单位来衡量。就像质量用"千克"称量，长短用"米"度量，电脑中的文件就是用"字节"来衡量。字节的英文为byte，简写就是B。KB（千字节）、MB（兆字节）、GB（吉字节）、TB（太字节）这些单位的大小及转换关系如下：

1KB=1024B，1MB=1024KB，1GB=1024MB，1TB=1024GB。

一个英文字母作为一个文件，需要1字节（B）的容量来存储，一个汉字要用2字节来存储。1GB容量的存储卡可以存储电子文本120回的《红楼梦》小说500本，因此可以算出《红楼梦》大概有100万字。

内存、存储用于运行、存储电脑文件，所以也用字节来衡量其大小。内存大，就能运行比较大的多个应用文件，存储大，能保存的文件、应用、视频、照片、歌曲、文章等就多。智能手机就像电脑，运行、保存的文件就像电脑文件，所以和电脑一样，也是用字节衡量内存及存储大小。

## 2.像素是什么概念?

  像素是数码时代专有的词汇,因为数码的东西没办法将颜色连续地表达出来,只能采取把整块的图像分成很细小的小点,然后拼在一起的方式来表达。通俗理解,像素就是图片上形成图片的点,同样内容的照片,反映照片的点数多,照片就清晰,分辨率就高,在数码相机和一些电脑文件上常看到800×600、1280×720等,就是表示一个图两条边分别有800个点和600个点来显示图像,显然数字高,同样的面积内,点数多的,显示的图像就清晰,也就是分辨率高。人们常说照片像素高,照相机拍摄的分辨率高,就是同样的面积内显示的点数,用手机拍照也可以选择不同分辨率,分辨率高的,照片就清晰。

  以荣耀V9手机的拍照功能来看,有几种分辨率可以来设定。点开该手机的照相功能,朝左滑动屏幕,显示"设置"页面(图S2-1),注意到有分辨率设置,点击打开,看到有5种分辨率(图S2-2)。分辨率高的照片文件就大。

图S2-1　荣耀V9照相机设置　　　图S2-2　分辨率选择

## 3.手机锁屏密码如何改变？

　　手机锁屏功能是有必要设置的，万一手机遗失，拾到者打不开手机，手机信息就不会丢失。孙辈喜欢玩手机，锁屏了，小孩子就打不开手机。

　　如果锁屏的信息泄露了，就要重新来设置，重新设置前要把原来的锁屏撤销。下面以荣耀V9手机为例来介绍如何撤销。

　　打开手机的"设置"选项，在"设置"页面中找到"安全和隐私"选项，然后点击（图S3-1）。打开"安全和隐私"页面，有"指纹""人脸识别""锁屏密码"三项设置（图S3-2）。如果同时设置了"指纹"和"人脸识别"，要改变锁屏密码时，首先要把"指纹"和"人脸识别"取消。

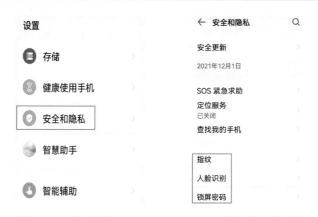

图S3-1 "设置"页面　　图S3-2 "安全和隐私"页面

点击图S3-2中的锁屏密码，打开"锁屏密码"页面（图S3-3），如要更改或关闭锁屏密码，就分别点击该选项。

点击"更改锁屏密码"选项，打开原密码输入页面（图S3-4），把原锁屏密码准确输入后，会打开设定新的锁屏密码页面（图S3-5），要录入两遍才能确认。

图S3-3 "锁屏密码"页面　　图S3-4 录入原锁屏密码

← 设置新的锁屏密码

**密码由 6 位数字组成**

○ ○ ○ ○ ○ ○

请牢记您的锁屏密码，忘记后无法找回

🌐 华为安全键盘　　　　　　　　∨

| 1 | 2 | 3 |
| 4 | 5 | 6 |
| 7 | 8 | 9 |
| ✓ | 0 | ⌫ |

图S3-5　录入新的锁屏密码

## 4. 如何理解流量的概念？

理解了电脑文件大小的概念，就很好理解流量的概念。手机上网产生的流量数据叫做手机流量，用手机打开软件或进行互联网操作时，会和服务器之间交换数据，手机流量就是指数据的大小。流量是一个数字记录，手机上网流量记录了一台手机上到相应页面所耗的字节数。手机流量的单位采取1024进制，单位有B、KB、MB、GB。其中1GB=1024MB，1MB=1024KB，1KB=1024B。

## 5. 手机定位系统如何设置？

手机具有定位功能，才能开发出一些需要定位功能的应用程序，例如，百度地图、掌上公交、美团外卖、墨迹天气等。本例以荣耀V9为例，介绍定位设置。

　　在手机的桌面上从右上角朝左下滑动，打开"控制中心"页面，看到"位置信息"图标未激活（图S5-1），点击该图标将其激活（颜色变蓝）（图S5-2），则手机的定位服务打开。

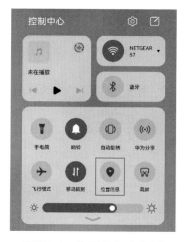 

图S5-1　位置信息未激活　　　图S5-2　位置信息激活

　　或是打开手机的"设置"页面（图S5-3），点击"安全和隐私"选项，看到"定位服务"显示"已关闭"（图S5-4）。点击后面的">"按钮，打开"定位服务"页面（图S5-5），把"访问我的位置信息"后面的拨键朝右拨动，使其激活（颜色变蓝）（图S5-6），则手机位置信息打开。

| 设置 | 安全和隐私　　🔍 |
|---|---|
| 🔲 存储 | 安全更新 |
| ⌛ 健康使用手机 | 2021年12月1日 |
| ✅ 安全和隐私 | SOS 紧急求助 |
| 🌀 智慧助手 | 定位服务<br>已关闭 |
| | 查找我的手机 |
| 🕐 智能辅助 | 指纹 |
| | 人脸识别 |
| 👤 用户和帐户 | 锁屏密码 |

图S5-3　"设置"菜单 　　图S5-4　"安全和隐私"菜单

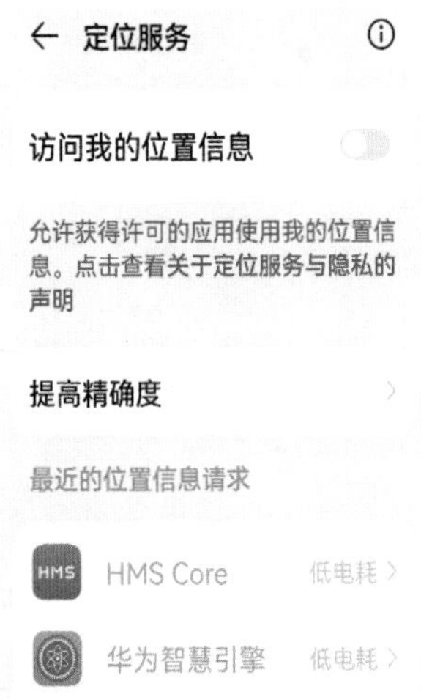

← 定位服务　　ⓘ

**访问我的位置信息**　⚪

允许获得许可的应用使用我的位置信息。点击查看关于定位服务与隐私的声明

**提高精确度**　>

最近的位置信息请求

HMS Core　　低电耗 >

华为智慧引擎　低电耗 >

← 定位服务　　ⓘ

**访问我的位置信息**　⚫

允许获得许可的应用使用我的位置信息。点击查看关于定位服务与隐私的声明

**提高精确度**　>

最近的位置信息请求

HMS Core　　低电耗 >

华为智慧引擎　低电耗 >

图S5-5　位置信息关闭 　　图S5-6　位置信息打开

## 6. 如何把微信中不想保留的联系人删除？

微信中的联系人，如果不想交往了，如何删除？

在微信页面中，找到该联系人头像，点按头像，在跳出的菜单中点击"删除该聊天"选项（图S6-1），这样只是把聊天内容删除了，虽然联系人的微信头像也不见了，但以后联系人向自己发声，联系人的微信依然会出现在自己的微信页面中。

要删除联系人，要先点击页面下的"通信录"选项，打开自己微信中所有联系人的目录，找到要删除的那位（图S6-2），点击其头像，打开联系人信息的详细资料页面，点击右上角的三个点"…"图标（图S6-3），在页面下端打开菜单，滑动到最后，找到并点击"删除"选项（图S6-4），在跳出的"删除联系人"菜单中点击红色的"删除"按钮，如图S6-5所示，再次点击"删除"按钮，方可将联系人删除。

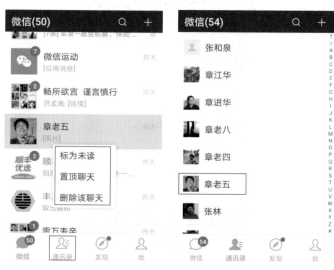

图S6-1　点按要删除的联系人　　图S6-2　联系人目录

图S6-3 待删除的联系人　　　图S6-4 点击删除选项
详细资料

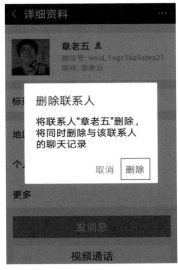

图S6-5 删除联系人

## 7. 如何用微信的"扫一扫"功能扫描朋友发到自己手机上的二维码？

在和朋友的交往中会收到二维码，对方想让自己用手机微信扫描这个二维码。这个二维码在自己手机上出现后，怎样才能进行扫描呢？

例如，收到朋友发来的收款"二维码"（图S7-1），点击二维码图打开（图S7-2），截图保存在图库里。

图S7-1　朋友发来"二维码"　　图S7-2　把"二维码"点开

打开微信，点击右上角的"⊕"按钮，在打开的快捷菜单中点击"扫一扫"选项，打开扫描页面（图S7-3），页面的右下有图库图标，点击图库图标，打开"图库"，找到保存在"图库"中的"二维码"，点击这个"二维码"，则其被扫描，手机就会打开付款页面（图S7-4）。和面对面扫描的效果一样。

图S7-3　打开"扫一扫"功能　　图S7-4　向提供

"二维码"者付款

微信的"扫一扫"功能，还有识别宠物、花卉的功能。不妨试试。

给宠物狗拍照，保存在"图库"中（图S7-5）。点击微信"扫一扫"选项，打开"图库"，找到拍摄的宠物狗的图片并点击打开，宠物狗的名称在手机桌面显示（图S7-6）。

图S7-5　手机拍摄的狗的照片　　图S7-6　扫描后的介绍

花草同样，例如，拍照保存在"图库"中的花卉（图S7-7），同样进行扫描后，花卉介绍在桌面显示（图S7-8）。

**叶子花** ⬆

勒杜鹃（学名：Bougainvillea spectabilis Willd.），紫茉莉科叶子花属木质藤本状灌木，观赏价值很高，因其形状似叶，故称其为叶子花。

图S7-7　手机拍摄的花卉照片　　　图S7-8　扫描后的花卉介绍

## 8. 微信群中，发声给多个成员打招呼，如何操作？

微信群中要向群中多个成员打招呼，可先打开该群，再在输入法框内点击"符号"选项（图S8-1），输入法框变为符号框，点击"@"选项（图S8-2），@符号进入输入栏（图S8-3），在跳出的选择提醒的人页面点击联系人后（图S8-4），联系人则出现在输入栏中（图S8-5），如此反复操作，则可把要打招呼的多人都输进输入栏中（图S8-6），再把要说的话输入完成后，点击"发送"按钮就发到群中了。

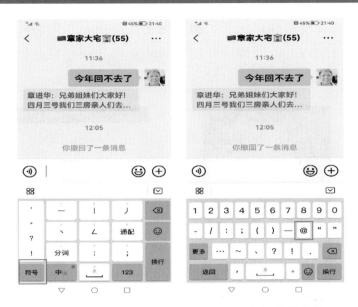

图S8-1 微信群页面        图S8-2 在符号栏选择@

图S8-3 @符号进入输入栏    图S8-4 选择提醒的人页面

图S8-5　被打招呼的人 图S8-6　被打招呼的多人

进入输入栏 进入输入栏

　　这个操作也适合在有多联系人的群中，给一些长期潜水的联系人打招呼（图S8-7和图S8-8）。

图S8-7　向众人打招呼发出 图S8-8　群中人收到提醒

# 9. 支付宝"解锁手势"忘记了，怎么办?

　　支付宝在使用时，必须加载解锁手势，以防止意外，这个手势必须要记住，万一忘记了，或是被外人知道了，可以用刷脸或手机获取验证码的方式来改变，重新来设置解锁手势。

　　登录时输入手势错误后，页面提示"密码错误"。这时可以点击页面上的"忘记手势？切换账号"选项（图S9-1），则打开图S9-2所示页面。点击"其他登录方式"选项后，打开图S9-3所示的页面，包括"刷脸登录"和"更多选项"提示，点击"刷脸登录"按钮，则打开刷脸界面（图S9-4），通过后，则打开"重新绘制手势"的页面，重新绘制（图S9-5），要绘制两遍（图S9-6），则支付宝打开。

图S9-1　忘记手势了

图S9-2　选择其他方式登录

拿起手机，眨眨眼

刷脸登录

更多选项

图S9-3　点击"刷脸登录"　　图S9-4　刷脸中

"all 🔋                    67%■ 12:51　　　"all 🔋                    64%■ 14:17

〈　设置新手势密码　　　　　　〈　设置新手势密码

请绘制新解锁图案　　　　　　再次绘制解锁图案

○　○　○　　　　　　　○　○　○

○　○　○　　　　　　　○　○　○

○　○　○　　　　　　　○　○　○

图S9-5　重新绘制手势　　图S9-6　再次同样绘制

　　如果点击"更多选项"按钮（图S9-3），则打开图 S9-7所示页面，选择"一键登录"选项，打开图S9-8所示页面。点击"本机号码一键登录"按钮，则迅速校验手机号码后，打开图S9-5和图S9-6所示页面，两次重新绘制解锁手势，重新绘制解锁手势完成。

🎧　　↪　　✕

图S9-7　点击"一键登录"选项　图S9-8　本机号码一键登录

## 10. 为什么说手机号是第二身份证号？

手机号和身份证号一样，具有唯一性的特点，可以理解为全世界没有两个人在使用同一个手机号。注册很多应用时，都要用手机号来注册。例如"铁路12306""微信""淘宝"等。手机号的通信卡装载在手机上，比身份证还更加随身带着。一些应用如果登录密码忘记了，往往会发送验证码到手机上来证实就是具有这个手机号的人要登录。所以自己使用了多年的手机号不要轻易弃用。

如果原手机号不愿用了，但长期不用也不交费，是一个不好的习惯，长此以往，通信商可能把这个号再转给别人用。因此，原手机号不用了，要到通信商营业厅去注销。

## 11. 智能手机和电脑如何互传文件？

智能手机上也存储了一些文件，例如照片、视频、文章等，个人电脑上保存的文件则更多。有时为了制作需要，要在智能手机和电脑之间互相传递文件。对于电脑操作熟悉的用户，在智能手机和电脑之间互传文件是很简单的事情。下面介绍用微信来传递文件。

在电脑上打开"微信电脑版"，从电脑上传递文件到智能手机，可以先把文件复制，然后粘贴到微信联系人（自己）的名下，这样智能手机上的联系人（自己）就能看到贴上来的文件，如果是照片可点击放大后，再点按图片，在跳出的菜单中点击"保存图片"选项，图片就保存到智能手机的"图库"中了。

如果是文章，可在电脑上复制后，也粘贴到微信联系人（自己）名下，再次复制后，可粘贴到WPS Office 新建的文档中。

例如，电脑中保存了一张20世纪50年代初的老照片，现要传到智能手机上去。

在电脑上右击图片，复制这张照片（图S11-1），然后在"微信电脑版"中粘贴到联系人（自己）名下（图S11-2）。

图S11-1　电脑上保存的20世纪50年代初的老照片

图S11-2　照片粘贴到"微信电脑版"中

打开手机微信，在联系人（自己）名下可看到照片（图S11-3），在手机上把照片点击放大，然后点按照片，在跳出的菜单中点击"保存图片"选项（图S11-4），这个电脑中保存的老照片就传到手机"图库"中了。

还可利用网盘来互传文件，在电脑和手机上下载"百度网盘"应用，可以利用百度网盘作为中介来互传文件。

图S11-3　照片在手机微信上　　图S11-4　放大后点按，点击
"保存图片"选项

　　还可利用QQ来互传文件，详细介绍可到百度上去搜索，这里不再赘述。